Fei Qiao

Como é que o citoesqueleto detecta os estímulos abióticos/bióticos nas células vegetais?

Fei Qiao

Como é que o citoesqueleto detecta os estímulos abióticos/bióticos nas células vegetais?

ScienciaScripts

Imprint
Any brand names and product names mentioned in this book are subject to trademark, brand or patent protection and are trademarks or registered trademarks of their respective holders. The use of brand names, product names, common names, trade names, product descriptions etc. even without a particular marking in this work is in no way to be construed to mean that such names may be regarded as unrestricted in respect of trademark and brand protection legislation and could thus be used by anyone.

Cover image: www.ingimage.com

This book is a translation from the original published under ISBN 978-3-330-65347-4.

Publisher:
Sciencia Scripts
is a trademark of
Dodo Books Indian Ocean Ltd. and OmniScriptum S.R.L publishing group

120 High Road, East Finchley, London, N2 9ED, United Kingdom
Str. Armeneasca 28/1, office 1, Chisinau MD-2012, Republic of Moldova, Europe
Managing Directors: Ieva Konstantinova, Victoria Ursu
info@omniscriptum.com

Printed at: see last page
ISBN: 978-620-8-41242-5

Conteúdo

1 Introdução

Tanto os sinais ambientais como os sinais de desenvolvimento desempenham um papel fundamental na morfogénese das plantas e, por esta razão, as plantas estão constantemente a detetar o ambiente que as rodeia para obter pistas que lhes permitam ajustar o seu desenvolvimento. Ao contrário das suas congéneres animais, as plantas não possuem órgãos sensoriais. Assim, a necessidade de recolher informações sobre o ambiente que as rodeia impõe um grande desafio às plantas. No entanto, este dilema é ultrapassado de forma eficaz, conferindo a cada célula a capacidade de perceção e transdução de sinais. No entanto, é claro que isto não é conseguido sem pagar um preço. As plantas têm de integrar a informação comunicada pelas células individuais, que não só é enorme em quantidade, como também pode ser contraditória no que respeita à qualidade. Assim, a morfogénese das plantas é controlada por uma decisão tomada a nível de toda a planta com base nas informações recolhidas por células individuais, de acordo com as influências impostas por vários estímulos externos e internos.

As plantas são estáticas, mas são dotadas da capacidade de crescimento em direção a um ambiente benéfico (tropismo). Este tipo de mobilidade baseia-se numa polaridade de divisão e expansão celular. Durante a divisão celular, as bandas microtubulares da pré-fase (PPB) desempenham um papel fundamental na definição do eixo de divisão e da simetria. A posição de uma nova placa celular após a conclusão da segregação dos cromossomas é determinada pela posição das PPB, que controla subsequentemente o padrão de ramificação. O segundo mecanismo de ajuste do crescimento tropístico é a expansão celular. No entanto, o eixo de expansão é limitado pela orientação das microfibrilas nas paredes celulares celulósicas, que é controlada pelos microtúbulos. Os microtúbulos corticais guiam a síntese de celulose e organizam a orientação das microfibrilas em paralelo com as MTs. Como o crescimento e a expansão celular são direcionais, as plantas podem responder a sinais ambientais crescendo numa direção positiva ou negativa em relação ao estímulo ambiental.

Há cada vez mais provas de que o citoesqueleto das plantas é o alvo de numerosas cadeias de sinalização. Verificou-se que o citoesqueleto está envolvido na deteção de sinais abióticos, como o tato, a gravidade, os estímulos mecânicos, a pressão osmótica, o frio (para uma revisão, ver Nick, 2008a) e os sinais bióticos (para uma revisão, ver Schmelzer, 2002). A deteção de sinais é geralmente subdividida em três eventos principais: perceção do estímulo, geração e transmissão de um sinal e alterações subsequentes nos processos bioquímicos a jusante (Yamaguchi *et al.*, 2000). Neste contexto, continua por esclarecer se o papel do citoesqueleto na deteção abiótica se limita aos processos a jusante ou se também pode atuar mais a montante. Além disso, não é claro se o papel do citoesqueleto difere durante a deteção de estímulos bióticos e abióticos.

1.1 Funções do citoesqueleto na morfogénese das células vegetais

O citoesqueleto das plantas é uma estrutura intracelular altamente dinâmica e versátil constituída por microfilamentos e microtúbulos, compostos por unidades monoméricas da proteína G-actina e unidades heterodiméricas α-, β-tublin, respetivamente. O citoesqueleto desempenha um papel fundamental durante o crescimento das células vegetais e durante os processos de desenvolvimento, como a divisão celular, a expansão celular, a organização intracelular e o tráfico de vesículas. O controlo da morfogénese celular pelo citoesqueleto pode ser conseguido através da regulação da expansão celular, da estrutura da parede celular e da divisão celular.

1.1.1 Papel do citoesqueleto na expansão celular e na formação da parede celular

O crescimento é uma capacidade fundamental de todos os seres vivos e pode ocorrer quer através do aumento do volume das células existentes, quer através do aumento do número de células.

Nas plantas, ambos os mecanismos requerem a formação de uma nova parede celular, que é uma camada rígida composta principalmente por microfibrilas de celulose dispostas em paralelo. A expansão celular só é possível quando o constrangimento da parede celular é libertado através da hidrólise das ligações de hidrogénio na rede de celulose-hemicelulose, ocorrendo a expansão numa determinada direção, dependendo da estrutura desta rede. Devido ao alinhamento conjunto de microfibrilas e microtúbulos, pensa-se que os microtúbulos corticais controlam a direção da deposição de celulose e, por conseguinte, determinam a direção da expansão celular. O efeito de fármacos para os microtúbulos no crescimento celular apoia este modelo. Por exemplo, em raízes de *Arabidopsis thaliana*, os inibidores de microtúbulos orizalina e taxol estimularam o inchaço radial do ápice da raiz (Baskin *et al.*, 1994). Por outro lado, células de tricoma de folhas ramificadas e de crescimento anisotrópico perderam a sua capacidade de se ramificarem quando tratadas com medicamentos para microtúbulos (Mathur e Chua, 2000).

Nas células epidérmicas do coleóptilo, os microtúbulos estão dispostos em feixes paralelos, orientados perpendicularmente ao eixo de expansão potencial da célula. Verifica-se que uma alteração do eixo de expansão celular é sempre precedida de uma reorientação dos microtúbulos corticais durante a flexão do coleóptilo (Nick *et al.*, 1990; para uma revisão, ver Nick, 2008b). São propostos dois modelos para explicar a relação entre os microtúbulos corticais e a formação de microfibrilas de celulose. No modelo "monotrilho", os complexos enzimáticos que sintetizam a celulose movem-se ao longo dos filamentos dos microtúbulos corticais, pelo que a orientação das microfibrilas é paralela aos microtúbulos (Heath, 1974). No modelo "guardrail" (Herth, 1980), o movimento dos complexos enzimáticos de síntese de celulose é limitado dentro dos canais formados entre os microtúbulos corticais. No entanto, ainda se discute se o padrão espacial dos microtúbulos corticais é o principal responsável pelo controlo da deposição de celulose, uma vez que também existe um feedback da parede celular sobre a organização dos microtúbulos.

O crescimento das extremidades, como nos tubos de pólen e nos pêlos radiculares, é acompanhado pela rotação e alongamento dos microfilamentos (revisto em Hepler *et al.*, 2001). Neste caso, sugere-se que os microfilamentos transvacuolares limitam a expansão celular devido à sua rigidez. No entanto, quando tratados com a droga eliminadora de actina latrunculina B, o alongamento celular é inibido em vez de promovido (Baluska *et al.*, 2001). Isto indica que os microfilamentos não desempenham um papel fundamental no alongamento, embora estejam envolvidos no transporte direcional de vesículas e na regulação positiva do crescimento (revisto em Nick, 2006).

Com estratégias de marcação dupla em células vegetais vivas, foi demonstrado que as vesículas de Golgi e os organelos com membrana se movem ao longo dos microfilamentos. Quando a rede de microfilamentos foi rompida por agentes farmacológicos, este movimento cessou, embora a forma da rede não tenha sido radicalmente alterada (revisto em Hawes e Satiat-Jeunemaitre, 2001). É, portanto, concebível que a rutura do citoesqueleto de microfilamentos resulte na entrega mal direcionada de diferentes vesículas ao córtex celular, causando assim anomalias de expansão ou divisão.

1.1.2 Microtúbulos e eixo de divisão celular

O controlo do eixo celular nas células em divisão é outro elemento-chave da morfogénese celular. Quando uma célula vegetal se prepara para a mitose, o núcleo, que está rodeado de microfilamentos, migra para o local onde se forma a futura placa celular. Ao mesmo tempo, os microtúbulos radiais que emanam do envelope nuclear fundem-se com o citoesqueleto cortical. Em seguida, a banda pré-profásica (PPB) é depositada e marca o local e a orientação da placa celular em perspetiva. A função de orientação da PPB é apoiada por experiências com mutantes *da Arabidopsis* (Traas *et al.*, 1995; McClinton e Sung, 1997). Estes mutantes não conseguiram formar PPB e o padrão de divisão ordenado foi substituído por um padrão completamente aleatório de paredes celulares cruzadas. O fuso de divisão é sempre colocado perpendicularmente à PPB com o equador do fuso localizado no plano da PPB. Assim que os cromossomas se deslocam para os dois pólos, o fragmoplasto microtubular forma-se *de novo* durante a anáfase tardia no local que foi marcado pelo PPB.

1.2 Tipos de respostas do citoesqueleto desencadeadas por sinais

Os factores ambientais não só são utilizados como orientação para o desenvolvimento das plantas, mas também desafiam muito frequentemente a sua sobrevivência. Para além destes stresses abióticos, a planta tem de lidar com stresses bióticos, como o ataque de fungos. Há cada vez mais provas de que as células vegetais alteram a organização do citoesqueleto no espaço e no tempo em resposta a estes estímulos. A pré-incubação com fármacos anti-citoesqueleto irá, por conseguinte, impedir ou mesmo parar a resposta fisiológica correspondente. Por exemplo, a formação de calose em torno do local de penetração parece ser prejudicada após o tratamento com fármacos anticitoesqueléticos (Kobayashi *et al.*, 1997). Os microtúbulos e os microfilamentos facilitam a migração do núcleo para o local infecioso rapidamente após a invasão pelo agente patogénico, o que se pensa contribuir para a defesa (revisto em Schmelzer, 2002). As provas indicam que o citoesqueleto está provavelmente envolvido tanto na deteção de estímulos bióticos como na transdução de sinais.

Os microfilamentos e microtúbulos podem alongar-se ou encurtar-se por polimerização ou despolimerização em ambas as extremidades. Os microtúbulos são polímeros de dímeros de α- e β-tubulina. Os dímeros de tubulina polimerizam de ponta a ponta em protofilamentos. Os protofilamentos se agrupam em polímeros cilíndricos ocos que se alongam pela adição de heterodímeros em uma extremidade (mais), enquanto a extremidade oposta (menos) não se alonga e muitas vezes até perde dímeros. Os microfilamentos são montados a partir da G-actina globular por polimerização na extremidade farpada e despolimerização na extremidade oposta (pontiaguda). A direccionalidade distinta dos polímeros do citoesqueleto, em termos de crescimento e contração, resultará na deslocação dos monómeros através do polímero. Em estado estacionário, a taxa de polimerização coincide com a taxa de despolimerização. O treadmilling confere ao citoesqueleto uma organização flexível e, assim, facilita a versatilidade funcional do citoesqueleto.

Nas células vegetais, os conjuntos de citoesqueletos existem principalmente sob duas formas: as MTs/MFs corticais e radiais (transvacuolares). As MTs/MFs corticais encontram-se por baixo da parede celular e estão normalmente dispostas paralelamente umas às outras e, na maioria dos casos, perpendiculares ao eixo de expansão celular preferencial, enquanto as MTs/MFs radiais vão do núcleo até à periferia da célula e difundem-se numa matriz cortical. A reorganização do citoesqueleto está intimamente associada aos mecanismos de sinalização celular. De um modo geral, a alteração pode ser classificada em quatro grupos: reorientação, desorganização/desmontagem, agrupamento e modificações pós-traducionais.

1.2.1 Reorientação

As matrizes de MTs corticais ou MFs em interfase alteram frequentemente a sua orientação em resposta a vários estímulos. A reorientação das MTs foi encontrada universalmente em relação a sinais de crescimento tropístico, como a gravidade, a luz e até a força mecânica (Fischer e Schopfer, 1998). Em coleóptilos e hipocótilos de girassol, as MTs corticais da epiderme externa estão alinhadas em matrizes paralelas com distribuição angular aleatória. Uma vez alterado o eixo de crescimento por estímulos gravitacionais ou fototrópicos, a reorientação das MTs é activada. O padrão aleatório transforma-se num padrão preferencialmente transversal, perpendicular ao eixo longitudinal. Fenómenos semelhantes podem ser desencadeados por IAA exógena. Assim, foi suposto ser utilizado como um teste de diagnóstico para uma resposta de crescimento mediada por auxina em termos da hipótese de Cholodny-Went (Nick *et al.*, 1990). No entanto, este tipo de reorientação das MT também foi observado na flexão mecânica (Fischer e Schopfer, 1998), pelo que a relação causal entre as reorientações das MT e as respostas de crescimento é provavelmente bidirecional.

Verificou-se que sinais como a luz, os campos eléctricos, a gravidade e os gradientes de iões afectam a via de desenvolvimento através de divisões assimétricas (revisto em Nick, 1999a). O citoesqueleto, especialmente o PPB, desempenha um papel fundamental na determinação do eixo de divisão celular (ver capítulo 1.1.2). Por exemplo, a divisão assimétrica de micrósporos pode ser inibida por tratamento com drogas antimicrotubulares (Twell *et al.*, 1998).

1.2.2 Desorganização/Desmontagem

Quando as células vegetais são confrontadas com stress biótico ou abiótico, este pode resultar na desorganização ou desmontagem dos MT, por exemplo, como resultado da toxicidade do alumínio (Al). Na linha celular de tabaco VBI-0, o Al induziu feixes adicionais de microtúbulos corticais (cMTs) nas primeiras horas, enquanto a espessura dos feixes individuais diminuiu com o prolongamento do tempo de exposição (Schwarzerová *et al.*, 2002). Nas raízes de milho, o Al induziu a estabilização dos MTs corticais na zona de alongamento e uma rápida despolimerização na zona de transição (Horst *et al.*, 1999).

A desmontagem de MTs foi encontrada em resposta a baixas temperaturas. No entanto, o grau de desmontagem das MTs é diferente consoante a sensibilidade ao frio da respectiva planta. Em plantas sensíveis ao frio, como o milho, o tomate ou o pepino, as MTs desmontam-se a 0-4 °C, mas apenas a 0 °C em plantas moderadamente resistentes, como os espinafres ou a beterraba. Através do endurecimento pelo frio (isto é, pré-tratamento com temperaturas de arrefecimento, mas não de congelação) é possível aumentar a resistência dos microtúbulos mesmo a temperaturas de congelação (revisto em Nick, 2000). Quando coincidiu com o elicitor de defesa das plantas criptogeína, uma proteína segregada pelo protista *Phytophthora cryptogea*, foi induzida uma rápida e grave rutura da rede microtubular e MFs transvacuolares nas células do tabaco. Mesmo após a hiperestabilização com o taxol, um inibidor da despolimerização dos MTs, a rede microtubular continuava a ser afetada. Curiosamente, os oligogalacturonídeos (OGs), um chamado endo-elicitor derivado de paredes celulares de plantas digeridas, que desencadeia um conjunto semelhante de genes de defesa como a criptogeína, não causa estas alterações das MTs (Binet *et al.*, 2001; Higaki *et al.*, 2007), indicando que as MTs respondem seletivamente a diferentes estímulos bióticos.

1.2.3 Agrupamento

Paralelamente à desorganização microtubular, formaram-se feixes de microfilamentos corticais (cMFs) após o tratamento com o elicitor criptogeína, enquanto os MFs transvacuolares foram interrompidos. Estas respostas de actina foram seguidas pelo início da morte celular programada (PCD) (Higaki *et al.*, 2007), sugerindo que o agrupamento de MFs está envolvido na regulação da PCD.

Durante a penetração de um fungo, as MF começam a alinhar-se em direção ao local do apressório fúngico e os feixes de MF aumentam entre o local de infeção e o núcleo. Em muitos casos, pouco antes ou depois da penetração, o núcleo desloca-se para o local de penetração ao longo destes feixes de MF (revisto em Schmelzer, 2002). Este movimento do núcleo com base nas MF também foi observado nos pêlos radiculares (Ketelaar *et al.*, 2002).

O agrupamento de MF é utilizado pelas células para construir as principais vias de longa distância necessárias para o transporte de vesículas e organelos (Thomas *et al.*, 2009). No entanto, durante a entrega da carga vesicular, o agrupamento dos MF é um indicador de inibição do transporte (revisto em Nick, 2006). Os MFs respondem, através do agrupamento e desarticulação, a estímulos que desencadeiam o crescimento tropístico caracterizado pela expansão celular assimétrica e pela divisão celular. Investigações posteriores revelaram que este processo é regulado pela hormona vegetal auxina (Fig. 1.1; revisto em Nick, 2010). Esses feixes se desprendem em filamentos finos de actina em resposta a IAA ou NAA adicionais, que facilitam o transporte de auxina promovendo a reciclagem e/ou a localização do transportador putativo de efluxo de auxina PIN. Subsequentemente, os filamentos de actina desprendidos agrupam-se novamente em resposta à redução da concentração intracelular de auxina causada pela saída de auxina, gerando um sistema de feedback oscilatório constituído por actina e auxina (Fig. 1.1).

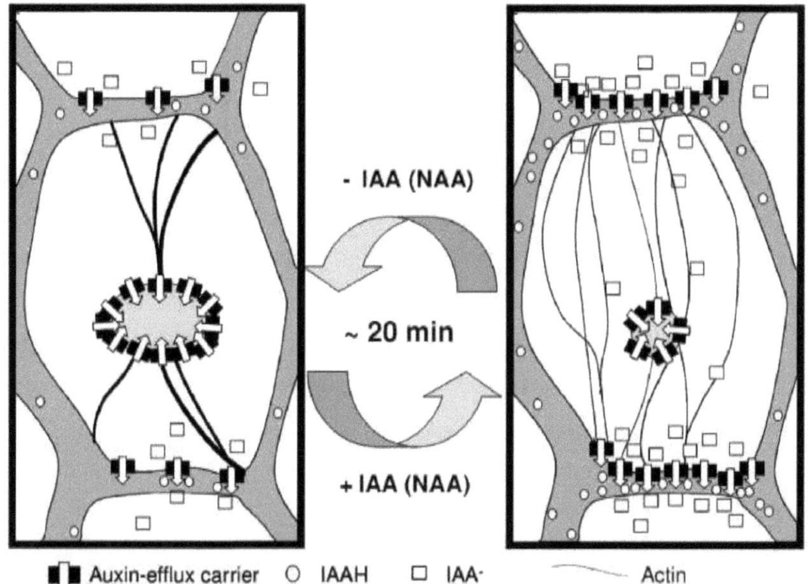

Figura 1.1 Modelo do oscilador Actina-Auxina. Na ausência de auxina, os MFs organizam-se em feixes e os transportadores de auxina agrupam-se em torno do núcleo. Estes feixes separam-se em filamentos finos em resposta a um aumento do nível de auxina antes do início do transporte polar de auxina. (Citado de Nick, 2010).

1.2.4 Modificações pós-tradução

Uma subpopulação de heterodímeros de α/β-tubulina, o bloco de construção das MTs, sofre modificações pós-traducionais, como acetilação, glutamilação, fosforilação e destirosinação/tirosinação cíclica (Hammond *et al.*, 2008). Por exemplo, todas as α-tubulinas eucarióticas possuem uma tirosina carboxiterminal conservada que pode ser clivada e religada por enzimas específicas, a tubulina destirosinada domina em microtúbulos estáveis, enquanto os microtúbulos com rápida renovação consistem principalmente em tubulina tirosinilada. Estas modificações desempenham um papel importante na regulação das propriedades dos microtúbulos, bem como nas funções baseadas nos microtúbulos. No entanto, os seus papéis funcionais específicos têm permanecido desconhecidos até à data.

Foram descritos diferentes isótipos de tubulina durante a reorientação microtubular induzida por sinais (Duckett e Lloyd, 1994). Neste estudo, o alongamento celular estimulado em caules de ervilha anã coincidiu com uma mudança líquida da orientação dos microtúbulos de longitudinal e oblíqua para transversal e foi acompanhado por alterações do isótipo da tubulina, que podem ser distinguidas por anticorpos específicos que podem discriminar entre α-tubulina tirosinilada e destirosinada (YL1/2 e YOL1/34, respetivamente). A destirosinação não é a causa, mas sim a consequência do aumento do tempo de vida e do comprimento dos MT (Skoufias e Wilson, 1998). Wiesler *et al.* (2002) mostram que a reorientação dos microtúbulos desencadeada por sinais envolve diferenças dependentes da direção na tirosinação da tubulina em células individuais. Esta alteração de destirosinação/tirosinação foi detectada por um par de anticorpos monoclonais bem caracterizados (Kilmartin *et al.*, 1982; Kreis, 1987). Os microtúbulos orientados transversalmente induzidos pela auxina consistiam predominantemente em α-tubulina tirosinilada, enquanto os microtúbulos longitudinais induzidos pela depleção de auxina continham α-tubulina destirosinilada. Os autores sugeriram que os microtúbulos longitudinais vivem mais tempo em comparação com os microtúbulos transversais, o que significa que a estabilidade de um microtúbulo individual seria indicada pela sua direção (Wiesler *et al.*, 2002).

Um estudo recente (Jovanovic *et al.*, 2010) salientou a importância das modificações pós-traducionais da tubulina para a regulação do ciclo celular nas plantas. O nitrotirosinato irreversível de α-tubulina, que foi produzido pela incorporação de nitrotirosina (NO2Tyr) em vez de tirosina na α-tubulina destirosinada, pode inibir a divisão celular através da estimulação do alongamento celular e da desorientação das paredes transversais.

Os factores de despolimerização da actina (ADF) demonstraram ser moduladores sensíveis a estímulos da dinâmica dos microfilamentos, incluindo a ligação de monómeros, a ligação/separação de filamentos de actina e a inibição da dissociação de nucleótidos/monómeros.

(Lappalainen *et al.*, 1997; McGough e Chiu, 1999; Ouellet *et al.*, 2001). Nas células animais, a remodelação do citoesqueleto de actina associada à transdução de sinais é intermediada por proteínas de ligação à actina. A MARCKS, uma proteína filamentosa de ligação cruzada da actina, é capaz de regular as interações actina-membrana através da integração de sinais da proteína quinase C e do cálcio/calmodulina (revisto em Aderem, 1992).

Além disso, os microfilamentos podem ser estabilizados por monoubiquitinação em resposta a agentes patogénicos e simbiontes (Dantán-González *et al.*, 2001). Ao contrário das cadeias de poliubiquitinação que contêm pelo menos quatro moléculas de ubiquitina para um reconhecimento e degradação eficientes das proteínas visadas, as monoubiquitinas conferem frequentemente estabilidade e uma localização subcelular diferente às proteínas (revisto em Hicke, 2001). Foi demonstrado que os MFs em nódulos radiculares de *Phaseolus vulgaris* são modificados transitoriamente por monoubiquitylation durante o desenvolvimento do nódulo. Além disso, esta resposta foi encontrada em nódulos radiculares de outras leguminosas e outras plantas quando infectadas com micorriza ou agentes patogénicos das plantas (Dantán-González *et al.*, 2001).

1.3 O citoesqueleto das plantas na deteção de sinais abióticos

1.3.1 Função dos microtúbulos em resposta a estímulos abióticos

1.3.1.1 Os MTs no sensor de mecano e gravidade

Uma experiência elegante realizada por Wymer *et al.* em 1996 indicou que as MTs desempenham provavelmente um papel sensorial na mecano-sensorização. Utilizando protoplastos de tabaco embebidos em agarose, verificou-se que as MTs corticais e os planos de divisão celular estavam alinhados perpendicularmente à força gerada pela centrifugação. Conseguiram demonstrar que este alinhamento podia ser perturbado pelo pré-tratamento com amiprofosmetil (APM, um fármaco que provoca a eliminação transitória das MT) antes da centrifugação. O alinhamento das MTs e dos planos de divisão celular permaneceu inalterado num controlo, em que os protoplastos foram tratados com APM após a centrifugação. Um modelo para explicar como as deformações da membrana, em consequência da estimulação mecânica, podem ser transformadas em estímulos biológicos, pressupõe que os microtúbulos relativamente rígidos actuam como alavancas mecânicas que transmitem força aos canais iónicos mecanossensíveis (Fig. 1.2A).

As MTs também estão envolvidas na deteção da gravidade, como se conclui de experiências em que a curvatura gravitacional, mas não o crescimento, foram afectados após a aplicação de medicamentos antimicrotúbulos (Schwuchow *et al.*, 1990). Verificou-se que a reorientação dos MTs acompanhava a curvatura gravitacional e que esta reorientação era desencadeada diretamente pela gravidade, independentemente dos estímulos mecânicos provocados por alterações do crescimento (Himmelspach e Nick, 2001). A teoria clássica da deteção da gravidade baseia-se no modelo amido-estatólito. Neste modelo, os amiloplastos são utilizados para a perceção de um estímulo gravitacional. Investigações posteriores revelaram que a perceção real da gravidade não se baseia na sua translocação, mas na pressão imposta pelos estatolitos numa pequena área (Hertel e

Friedrich, 1973). Juntando estes dois fenómenos, está a surgir uma função para as MTs como amplificadores do sinal. A gravidade pode induzir o transporte lateral de auxina e, por um lado, este transporte pode ser bloqueado pelo etil-N-fenilcarbamato (EPC), um herbicida que inibe a montagem da tubulina. Por outro lado, o taxol, que estabiliza os MTs, inibiu parcialmente o transporte lateral sem qualquer inibição do transporte longitudinal de auxina (Taylor e Leopold, 1992). Estes resultados sugerem que o turn-over microtubular está envolvido na gravisensing (ver Fig. 1.2 B).

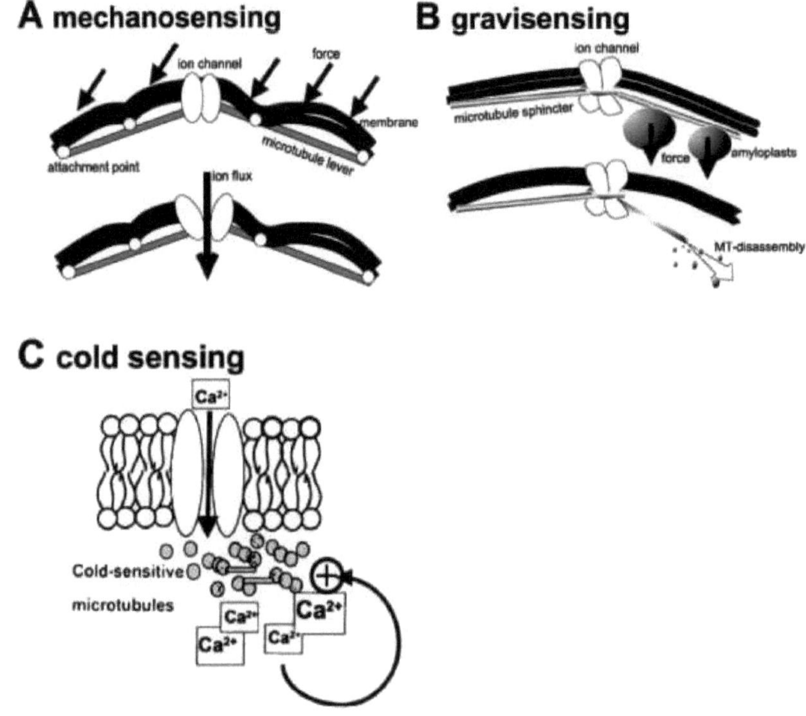

1.3.1.2 As MTs na deteção do frio

Como uma desmontagem parcial e transitória das MT é suficiente para desencadear o endurecimento pelo frio, propõe-se que as MT das plantas sejam um termómetro (Abdrakhamanova *et al.*, 2003). O nível de cálcio intracelular aumentou rapidamente em resposta ao choque frio, como foi detectado utilizando plantas transgénicas que expressam o repórter bioluminescente aequorina (Knight *et al.*, 1991). Outros estudos sugeriram que a dinâmica das MTs é regulada através de uma interação sensível à calmodulina entre as MTs e as proteínas associadas às MTs (Durso e Cyr, 1994). Assim, é proposto um modelo segundo o qual as MTs têm uma função dupla como sensor primário e amplificador de sinal para explicar estes fenómenos (Fig. 1.2 C).

Figura 1.2 Função das MTs na deteção do tato, da gravidade e do frio. A. Mecanossensorização: Neste modelo, as MTs fixam-se por baixo da membrana através de um ponto de fixação. Para detetar a força mecânica, não é necessária qualquer dinâmica das MTs. As MTs e os canais iónicos funcionam em conjunto como um canal ativo de estiramento para abrir e fechar o canal iónico. Consequentemente, um estímulo físico é transformado numa saída química. B. Gravisensing: Neste modelo, as MTs restringem a abertura dos canais iónicos e desmontam-se com a carga mecânica. As MTs formam uma unidade especial na superfície de um canal iónico e o canal iónico é fechado em conformidade. Quando uma força mecânica é exercida sobre a membrana, as MTs começam a desmontar-se e o canal iónico é libertado e torna-se ativo. C. Deteção de frio: Neste

as MTs controlam a permeabilidade dos canais de cálcio mecanossensíveis. O frio pode induzir a desmontagem das MTs sensíveis ao frio e amplificar o influxo de cálcio. A cascata de transdução da expressão genética desencadeada pelo cálcio produzirá o endurecimento pelo frio. Em seguida, formam-se MTs estáveis ao frio em consequência do endurecimento pelo frio. Isto indica que as modificações pós-traducionais das MTs estão envolvidas na transdução de sinal. Citado de Nick, 2008.

1.3.2 Funções dos microfilamentos em resposta a factores abióticos estímulos

A reorientação dos MF é observada em resposta a vários tipos de estímulos abióticos. Os MFs determinam a motilidade e o posicionamento de vários organelos, o que é essencial para o funcionamento correto das células vivas, por exemplo, a translocação de cloroplastos em condições de luz intensa (Kagawa *et al.*, 2001). Como as MTs atravessam os estatocitos, foi proposto que as MTs modulassem o movimento dos amiloplastos e também a transdução de sinais gravitacionais. A perturbação dos MTs pela latrunculina B provoca um aumento do gravitropismo em órgãos e raízes semelhantes a caules, o que se especulou ser devido a um assentamento mais rápido dos amiloplastos (por exemplo, Palmieri e Kiss, 2005 para raízes *de Arabidopsis*).

Os MFs também participam no controlo do volume do protoplasto durante o ciclo plasmolítico (Komis *et al.*, 2002). Embora o mecanismo dos MFs na transdução de sinais não seja bem compreendido, há cada vez mais provas que sugerem que esta via de transdução de sinais é mediada por canais iónicos. Durante a mudança dos estomas de abertos para fechados, os MFs mudam de matrizes corticais bem organizadas para um estado desintegrado (Eun e Lee, 1997). Foi sugerido que os MFs envolvidos na regulação do volume das células-guarda são moduladores da atividade dos canais iónicos na membrana plasmática (Hwang e Lee, 2001).

Curiosamente, verificou-se que as MF são capazes de responder de forma muito sensível a campos eléctricos (Berghöfer *et al.*, 2009). Os campos eléctricos de impulsos de nanossegundos em células de tabaco causaram uma desintegração do citoesqueleto no envelope nuclear, acompanhada por uma permeabilização irreversível da membrana plasmática.

No entanto, quando as MFs foram estabilizadas pela faloidina, que inibe a desintegração das MFs, a perfuração da membrana plasmática foi suprimida em conformidade. Mais uma vez, este facto indicou que os MFs desempenham um papel fundamental na morte celular programada desencadeada por sinais.

1.3.3 Actina, auxina, luz e padrões de divisão sincronizados

Para explorar as vantagens evolutivas da multicelularidade, o organismo tem de atribuir funções diferentes a cada célula. No quadro da morfogénese aberta caraterística das plantas, esta diferenciação celular não é conseguida através de uma linhagem celular estereotipada, mas através da comunicação célula a célula (por exemplo, Van den Berg *et al.*, 1995). As plantas terrestres cormofíticas são construídas a partir de elementos modulares, os telomas, que se diferenciam das células parenquimáticas e se organizam em torno da vasculatura. O registo fóssil mostra que o padrão de diferenciação vascular, já há mais de 375 milhões de anos, estava sob o controlo de um fluxo polar de auxina (Rothwell e Lev-Yadun, 2005). Nos tecidos meristemáticos das plantas, a diferenciação de elementos recentemente adicionados é determinada pela sinalização coordenada de elementos precedentes, ou seja, o padrão é perpetuado de forma iterativa (primórdios foliares, Reinhardt *et al.*, 2003; células estaminais na raiz, Van den Berg *et al.*, 1995).

Foi demonstrado anteriormente que as culturas de células em suspensão de tabaco são dotadas de uma forma muito simples de formação de padrões (Campanoni *et al.*, 2003). O ciclo de cultura nestas linhas tem geralmente origem em estádios unicelulares e prossegue através de uma série de divisões celulares axiais para produzir ficheiros celulares dotados de um eixo claro e, na maioria dos casos, de uma polaridade clara (Campanoni *et al.*, 2003). Verificou-se que a divisão celular nestes ficheiros pluricelulares é parcialmente sincronizada, resultando numa maior frequência de ficheiros de células com números de células iguais em relação a ficheiros com números de células desiguais. Esta sincronia da divisão celular pode ser perturbada pelo NPA, um inibidor do transporte de auxina (para revisão, ver Morris, 2000). Isto sugere que a sincronia da divisão está sob o controlo do fluxo polar de auxina que coordena o ciclo celular das células vizinhas (Nick, 2006). Numa linha celular de tabaco (*Nicotiana tabacum* L. cv. Bright-Yellow 2), em que a actina foi agrupada em consequência da sobreexpressão de YFP-talina, a sincronia da divisão celular foi prejudicada, mas quando os feixes de actina foram destacados em filamentos mais finos por adição de IAA e, em menor grau, por NAA, a sincronia foi restaurada (Maisch e Nick, 2007). Estas observações são consistentes com relatórios publicados sobre o transporte dependente de actina de proteínas PIN que são geralmente discutidas como marcadores de efluxo de auxina (para revisão, ver Muday e Murphy, 2002 ou Blakeslee *et al.*, 2005). No entanto, esta presumível ligação entre a organização da actina e o transporte de auxina foi recentemente questionada por experiências em que as proteínas PIN1 e PIN2 mantiveram a sua localização polar, apesar de os filamentos de actina terem sido eliminados pela auxina artificial ácido 2,4-diclorofenoxiacético (2,4-D) ou pela fitotropina ácido naftalâmico (NPA) (Rahman *et al.*, 2007). Estes fenómenos contraditórios indicaram que, embora a actina pareça desempenhar um papel na polaridade dos fluxos de auxina, a relação não é, em primeiro lugar, simples e, em segundo lugar, está longe de ser compreendida.

Os componentes moleculares que participam na comunicação entre a actina e a auxina permanecem, na sua maioria, desconhecidos. De um modo geral, a nucleação dos filamentos de actina é controlada por vários complexos proteicos, parcialmente associados à actina, incluindo as GTPases de plantas relacionadas com Rho (ROPs), o complexo WAVE (para a família de proteínas da síndrome de Wiskott-Aldrich homóloga à verprolina) e o complexo de proteínas relacionadas com a actina (ARP) 2/3. Estes reguladores modulam o citoesqueleto de actina através de uma rede de sinalização elaborada (para revisão, ver Xu e Scheres, 2005). De facto, a visualização de fluorescência dupla de actina e ARP3 em células BY-2 demonstrou uma distribuição gradual de ARP3 nas células terminais de um ficheiro, e este gradiente persistiu quando o ficheiro se desintegrou em células individuais, enquanto a distribuição assimétrica do marcador de efluxo de auxina PIN1 se perdeu e teve de ser restabelecida durante a fase inicial do novo ciclo de cultura (Maisch *et al.*, 2009). Estas observações indicam que a nucleação da actina pode estar a montante dos eventos que culminam numa distribuição polar dos transportadores de efluxo de auxina.

1.4 O citoesqueleto das plantas na deteção de sinais bióticos

1.4.1 Respostas do citoesqueleto durante a interação hospedeiro-patógeno - Como é que uma planta pode reconhecer e defender-se contra os agentes patogénicos?

Existem várias barreiras estabelecidas para o ataque de agentes patogénicos e a discriminação entre elas pode, por vezes, não ser muito clara. Uma infeção bem sucedida pode ser geralmente dividida em seis fases (Fig. 1.3) (Thordal-Christensen, 2003). Há cada vez mais provas de que o citoesqueleto participa no obstáculo 3rd, induzindo a formação de barreiras, tais como a formação de papilas, a deposição de calose, a acumulação de proteínas e hidratos de carbono e até a morte celular hipersensível.

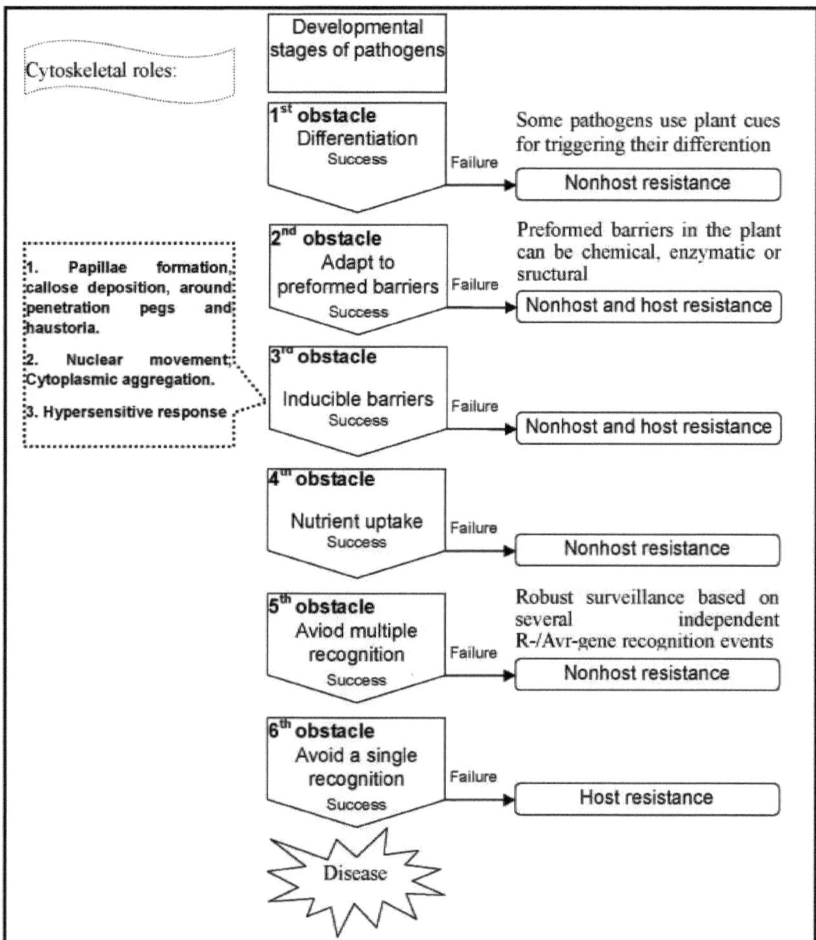

Figura 1.3 Fases da infeção e envolvimento do citoesqueleto do hospedeiro nas respostas de defesa durante o ataque do agente patogénico. Modificado de Thordal-Christensen, 2003.

Assim que o ataque do agente patogénico é reconhecido pela planta hospedeira, inicia-se uma corrida. Sob o apressório do fungo, os filamentos citoplasmáticos transversais mudam a sua orientação em direção a este local e o fluxo citoplasmático acelera (Freytag *et al.*, 1993). Já antes da penetração, verificou-se que o citoesqueleto começa a reorganizar-se, os MFs começam a alinhar-se em direção ao local de penetração sob a parede celular e os MTs formam conjuntos radiais no citoplasma cortical (Fig. 1.4). As experiências farmacológicas com fármacos anti-esqueleto e a reorientação dos componentes do citoesqueleto durante a reação de defesa sugerem que o citoesqueleto desempenha um papel fundamental na defesa celular. O pré-tratamento de coleóptilos de cevada com inibidores da polimerização ou despolimerização da actina ou da tubulina antes da inoculação de uma estirpe não patogénica de *Erysiphe pisi* teve como consequência que o fungo foi capaz de penetrar com êxito e formar haustórios em células de coleóptilos de uma planta não hospedeira. Outras investigações com diferentes inibidores mostram que os filamentos de actina desempenham um papel mais ativo do que os microtúbulos na resistência à penetração (Kobayashi *et al.*, 1997).

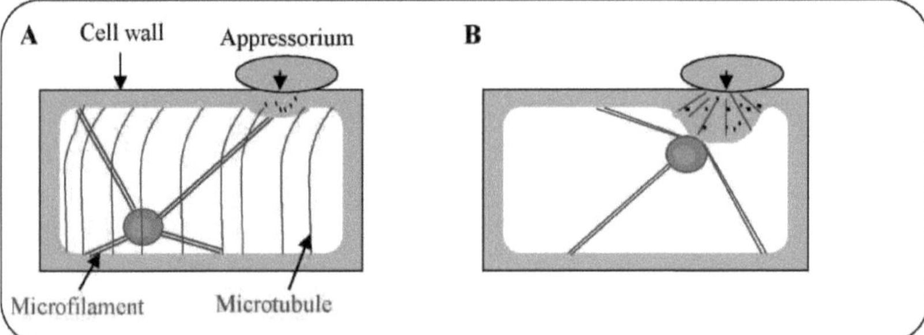

Figura 1.4 Reorientação do citoesqueleto e formação de papilas durante a penetração do agente patogénico. A, Os microtúbulos corticais estão alinhados em linhas paralelas e perpendiculares ao eixo longitudinal da célula. No entanto, os microfilamentos transversais formam feixes e ligam o núcleo e a membrana plasmática no início da penetração. B, Durante a penetração, os microtúbulos corticais paralelos desaparecem e uma matriz radial de microtúbulos se reúne no local da penetração. O núcleo move-se em direção a este local e inicia-se um espessamento maciço da parede celular local, anunciando a formação da papila. Modificado de Schmelzer, 2002.

1.4.2 Respostas de defesa desencadeadas por elicitores nas plantas

A interação entre os agentes patogénicos e os seus hospedeiros está sujeita a uma corrida de braço evolutiva, em que os agentes patogénicos prevalecem através do desenvolvimento de várias estratégias para contornar ou suprimir as respostas de defesa do hospedeiro, enquanto o hospedeiro excede estas respostas através de diversas abordagens para identificar e defender o agente patogénico invasor. O chamado modelo gene-por-gene foi estabelecido como a explicação clássica para a resistência dos agentes patogénicos e propôs que os genes de resistência específicos (genes R) conferem imunidade a determinadas raças de agentes patogénicos através do reconhecimento dos chamados factores de avirulência que são essenciais para o ciclo de vida do agente patogénico (para uma revisão, ver Dangl e Jones, 2001).

No entanto, nos últimos anos tornou-se claro que a defesa do gene R deve ser vista como uma situação altamente especializada e derivada que evoluiu a partir de sistemas de defesa muito mais amplos que conferem resistência a grupos ou classes inteiras de microrganismos. Esta resistência não hospedeira (para revisão ver Heath, 2000; Thordal-Christensen, 2003) pode ser desencadeada por elicitores gerais, os chamados padrões moleculares associados a agentes patogénicos (PAMP, para revisão ver Nürnberger e Brunner, 2002). Em contraste com a defesa dependente do gene R, as respostas a elicitores gerais nem sempre resultam em morte celular programada. Exemplos típicos de elicitores gerais são a quitina (Felix *et al.*, 1993) ou a flagelina bacteriana (Felix *et al.*, 1999; Zipfel *et al.*, 2003). A sinalização desencadeada por elicitores exógenos pode ser complementada por elicitores endógenos que são sintetizados pela parede da célula hospedeira após ataque hidrolítico de enzimas derivadas de agentes patogénicos (Davis *et al.*, 1984).

Uma das respostas celulares aos elicitores é a formação de papilas na parede celular em torno dos locais de penetração do agente patogénico. A formação destas papilas é precedida por uma reorganização do citoesqueleto que causa uma redistribuição das vesículas e uma agregação citoplasmática em direção ao local de penetração (para revisões, ver Takemoto e Hardham, 2004; Kobayashi e Kobayashi, 2008), e uma migração ligeiramente mais lenta do núcleo (para revisão, ver Schmelzer, 2002). Através da estimulação mecânica *in-situ* de células de salsa, foi possível imitar parcialmente um ataque de *Phytophthora sojae*, que é capaz de induzir vários aspectos de uma resistência não hospedeira, incluindo a migração nuclear, a reorganização citoplasmática, a formação de espécies reactivas de oxigénio e a indução de vários genes relacionados com a defesa (Gus-Mayer *et al.*, 1998). Em contrapartida, a aplicação localizada do elicitor correspondente (pep-13) não conseguiu induzir as alterações morfológicas, embora tenha induzido o conjunto completo de genes relacionados com a defesa e a formação de espécies reactivas de oxigénio. Curiosamente, o tratamento com o elicitor inibiu completamente a agregação citoplasmática e a migração nuclear em resposta ao estímulo mecânico. Uma vez que o pep-13 induz neste sistema a atividade de um canal de cálcio mecanossensível (Zimmermann *et al.*, 1997), parece que a sinalização química e mecânica convergem durante a resposta do citoesqueleto ao ataque de agentes patogénicos. Nem o estímulo mecânico, nem o elicitor, nem a sua combinação foram capazes de induzir uma morte celular hipersensível nestas experiências, o que leva a concluir que são necessários sinais químicos adicionais para obter uma resposta completa do hospedeiro ao agente patogénico.

1.5 O citoesqueleto actua a montante na transdução de sinais?

O citoesqueleto não só funciona como um elemento estático, como um andaime ou uma barreira, mas também responde ativamente a numerosos sinais através de reorientação, agrupamento/desagregação e desmontagem/montagem. Estas alterações rápidas e dinâmicas podem qualificar o citoesqueleto como candidato à perceção, regulação e troca de sinais, mas também podem ser apenas uma resposta celular a jusante.

Durante a aclimatação ao frio em trigo resistente ao frio, os microtúbulos corticais sofrem uma desmontagem transitória, enquanto esta resposta não pode ser observada em cultivares sensíveis ao frio. No entanto, a desmontagem de microtúbulos imitada por fármacos do citoesqueleto foi capaz de induzir a aclimatação ao frio em plântulas sensíveis ao frio (Abdrakhamanova *et al.*, 2003). Isto sugere que os microtúbulos corticais podem atuar como indicadores da aclimatação ao frio. Além disso, os microtúbulos corticais estão intimamente associados à membrana, que é uma plataforma principal para a perceção e transdução de sinais. A superfície dos microtúbulos corticais está coberta por complexos proteicos, proteínas motoras e proteínas estruturais associadas aos microtúbulos, GDP/GTP, cinases reguladoras, fosfatases e iões (revisto em Wasteneys, 2003), o que nos dá a perspetiva de os microtúbulos actuarem como repositórios de sinalização. Na deteção de estímulos bióticos, a inibição da dinâmica do citoesqueleto pode facilitar a penetração fúngica nas paredes celulares do hospedeiro. Estas observações sugerem que o citoesqueleto está ativamente envolvido na transdução de sinais. No entanto, será que o citoesqueleto actua apenas a jusante na transdução de sinais, ou actua também a montante na deteção de estímulos? Em geral, existem duas opiniões opostas sobre o assunto.

1.5.1 O citoesqueleto actua como um sensor ou um regulador?

Nesta hipótese, o citoesqueleto pode receber, amplificar e transduzir sinais. Por conseguinte, controla ou controla parcialmente o resultado bioquímico ou fisiológico final em resposta a vários estímulos (Fig. 1.5 A). Por outras palavras, a forma como o citoesqueleto lida com os sinais assemelha-se à de um mecanismo percetivo (semelhante a um recetor). Por conseguinte, quando a função do citoesqueleto é inibida, toda a cadeia de sinalização (cascata) é bloqueada e o correspondente resultado bioquímico ou físico-químico é suprimido.

1.5.2 O citoesqueleto actua como um transdutor?

O citoesqueleto pode ser apenas um passo numa cadeia de transdução de sinal, ou mesmo um alvo de funções celulares. Isto significa que não existe uma relação causal direta entre a resposta do citoesqueleto e a função celular desencadeada pelo sinal (Fig. 1.5 B).

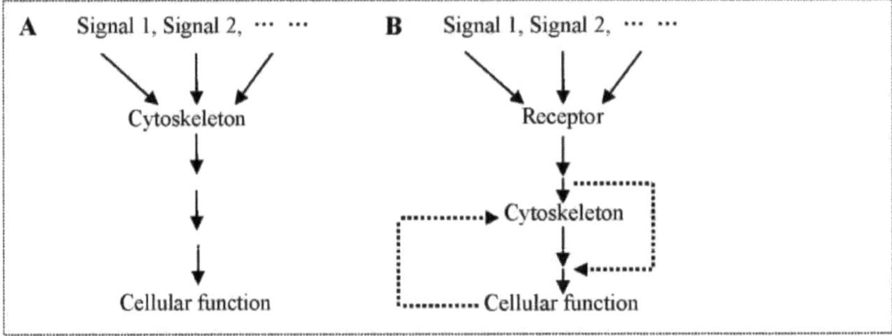

Fig. 1.5 Possíveis funções do citoesqueleto na resposta a sinais. A, O citoesqueleto actua como perceptor/recetor. Pode receber, transformar e transmitir sinais. B, O citoesqueleto só participa na transdução de sinais como um elemento a jusante.

1.6 Abordagens do presente estudo

1.6.1 Respostas do citoesqueleto à luz no padrão de divisão celular sincronizada

As relações entre o crescimento celular desencadeado pela luz e o citoesqueleto estão bem documentadas (revisto em Nick, 1999a). A morfogénese celular pode ser controlada pela expansão ou divisão polar dependente do citoesqueleto. Considerando a grande quantidade de provas que apoiam o papel do citoesqueleto na sinalização, bem como a importância da luz para o crescimento e o desenvolvimento das plantas, presumo que o citoesqueleto possa ser um ator na deteção da luz. Devido ao estilo de vida fotossintético das plantas, o sinal ambiental mais relevante para as plantas é a luz, que é utilizada como energia para a fotossíntese e como pista para o desenvolvimento. O sistema clássico para estudar a formação de padrões dependentes da luz tem sido o padrão de antocianina nos cotilédones de mostarda, que está sob o controlo sistema fotorreceptor fitocromo (Mohr, 1972). Uma análise celular deste processo de formação de padrões revelou que a resposta de células individuais era muito estocástica (Nick *et al.*, 1993), com a expressão de uma resposta completa nalgumas células coexistindo com a ausência completa de resposta mesmo nas células vizinhas. Estas diferenças do tipo "tudo ou nada", mesmo em células adjacentes, foram observadas já nas fases iniciais da resposta (transcrição da chalconasintase, uma enzima chave para a síntese de flavonóides). Estas respostas são posteriormente coordenadas e integradas em todo o órgão. Os padrões observados após a microirradiação de diferentes regiões do cotilédone podem ser explicados por um modelo de trabalho, em que as respostas celulares são reguladas pela migração de sinais direcionais na direção apicopetal ao longo das nervuras da folha.

No entanto, a natureza destes sinais não pôde ser revelada devido a certas limitações do sistema experimental . A mostarda é muito recalcitrante à transformação, e as células muito pequenas dos cotilédones jovens não são passíveis de análise biológica celular. Este facto estimulou a procura de sistemas alternativos para estudar a formação de padrões nas plantas. As culturas em suspensão de tabaco, com a sua resposta à divisão padronizada, seriam acessíveis tanto à engenharia genética como à análise biológica celular. No entanto, não são sensíveis à luz, o sinal ambiental mais relevante na vida das plantas.

Para ultrapassar a desvantagem do sistema do tabaco, foram procuradas linhas de tabaco que respondem à luz. Foi possível isolar com sucesso um derivado da linha VBI-0 que responde à luz (fornecido pelo Dr. Jan Petrásek). Esta linha, VBI-3, preservou o sistema de divisão sincronizada da sua linha progenitora. Estas duas propriedades combinadas tornaram possível investigar a interação entre o padrão de divisão sincronizada, a auxina, a actina e a luz nesta linha de células de tabaco.

1.6.2 Papel do citoesqueleto na resposta ao elicitor Harpin na videira

Tradicionalmente, o papel do citoesqueleto tem sido visto como um sistema de resposta que reparte o tráfego de vesículas e a arquitetura citoplasmática ou executa a morte celular programada induzida por agentes patogénicos. Por exemplo, sugeriu-se que a reorganização dos microfilamentos de actina induzida pelo elicitor participava na desintegração do tonoplasto durante a resposta hipersensível das células BY-2 do tabaco ao elicitor proteico criptogeína (Higaki *et al.*, 2007). No entanto, um conjunto crescente de provas (revisto em Nick, 2008) sugere que o citoesqueleto desempenha um papel na deteção de estímulos abióticos, como a perturbação mecânica. Isto leva à questão de saber se os filamentos de actina e os microtúbulos, para além da sua resposta a agentes patogénicos e elicitores, actuam a montante da sinalização desencadeada por elicitores.

Para responder a esta questão, procurou-se um sistema em que as respostas citoesqueléticas e de defesa pudessem ser despoletadas de forma diferenciada pelo tratamento com um elicitor. Foi criado um modelo experimental com base em duas linhas celulares de genótipos de videira que diferiam na sua sensibilidade ao elicitor Harpin. *A Vitis vinifera* cv "Pinot Noir" é suscetível a agentes patogénicos como *Plasmopara viticola* e *Erysiphe necator*, ao passo que *a Vitis rupestris* lida eficazmente com a infeção por esses agentes patogénicos (Jürges *et al.*, 2009).

O elicitor Harpin foi isolado como um poderoso efector do tipo III da *Erwinia amylovora*, a bactéria que causa o míldio das rosáceas (Wei *et al.*, 1992a). Uma vez que os genes *hrp* são conservados entre as bactérias fitopatogénicas, como *Erwinia*, *Pseudomonas*, e *Xanthomonas*, e foram considerados essenciais para a patogenicidade, sugeriu-se que fossem o determinante arquetípico da doença destes agentes patogénicos. Ao mesmo tempo, a Harpin pode desencadear uma resposta de hipersensibilidade em plantas não hospedeiras. A diferença é atribuída a diferentes formas de processamento de Harpin em plantas hospedeiras e não hospedeiras (Wei *et al.*, 1992b). Para além do colapso dos tecidos nas folhas de tabaco, a Harpina desencadeia uma alcalinização do pH apoplástico. Devido à sua ampla eficácia como ativador da defesa das plantas, a Harpina foi posteriormente comercializada sob a marca Messenger®.

Como já foi referido, os elicitores podem imitar os agentes patogénicos para desencadear várias respostas de defesa; por conseguinte, utilizámos a resposta Harpin como modelo para dissecar o papel do citoesqueleto da planta hospedeira na defesa da planta numa única célula de uma linha de células em suspensão de videira.

2 Materiais e métodos

2.1 Linhas celulares

A linha celular de tabaco (*Nicotiana tabacum* L. cv. 'Virginia Bright Italia') VBI-3 foi selecionada como linha clonal a partir da linha celular VBI-0 (Opatrnÿ e Opatrná, 1976) com base na sua capacidade de crescer na ausência de auxina exógena. As células VBI-0 dependentes de auxina foram cultivadas em meio líquido de Heller ligeiramente modificado (Heller, 1953) na presença das auxinas sintéticas 2,4-D (4,5 µM, Sigma-Aldrich, Deisenhofen, Alemanha) e NAA (5,4 µM, Sigma-Aldrich, Deisenhofen, Alemanha). Para obter linhas autónomas de auxina, as células VBI-0 foram selecionadas em meio líquido sem auxina suplementar durante dois intervalos sucessivos de subcultura até que todos os ficheiros se tivessem desintegrado completamente em células individuais. Esta suspensão foi então colocada em placas de Petri em meio sólido sem auxina e cultivada em escuridão contínua a 25°C. Após 5 semanas, pequenas microcolónias foram transferidas para meio fresco sem auxina e cultivadas sob luz contínua. As células foram subcultivadas de 3 em 3 semanas, inoculando 3 ml de células estacionárias em 30 ml de meio fresco em frascos Erlenmeyer de 100 ml.

As culturas de células em suspensão de *Vitis Rupestris* e *Vitis vinifera* cv. 'Pinot Noir' geradas a partir de folhas foram utilizadas como linhas de cultura de células em suspensão de videira. Foram cultivadas em meio líquido contendo 4,3 g l^{-1} de sais de Murashige e Skoog (Duchefa, Haarlem, Países Baixos), 30 g l^{-1} de sacarose, 200 mg l^{-1} de KH_2PO_4, 100 mg l^{-1} de inositol, 1 mg l^{-1} de tiamina e 0,2 mg $l^{(-1)}$ de ácido 2,4-diclorofenoxiacético (2,4-D), pH 5,8. As células foram subcultivadas semanalmente, inoculando 8-10 ml de células estacionárias em 30 ml de meio fresco em frascos Erlenmeyer de 100 ml.

Estas suspensões celulares foram incubadas a 25 °C, no escuro, num agitador orbital (KS250 basic, IKA Labortechnik, Staufen, Alemanha) a 150 rpm (18 mm de diâmetro).

2.2 Tratamentos com NPA e auxinas

O NPA filtrado estéril foi adicionado na inoculação a partir de um estoque de 50 mM em DMSO até a concentração final de 5 µM. Para o tratamento com auxina, IAA (concentração final 2 µM) ou uma combinação de 2,4-D (concentração final 4,5 µM) e NAA (concentração final 5,4 µM) foram adicionados na inoculação após filtração estéril. Foram adicionados volumes iguais de DMSO e etanol estéreis, respetivamente, às amostras de controlo para ter em conta os possíveis efeitos do solvente.

2.3 Quantificação do padrão e da morfologia

De cada amostra, foram recolhidas alíquotas de 0,5 ml de células durante a fase logarítmica da cultura (dias 7, 8, 9, 10 e 11 após a inoculação) e imediatamente visualizadas num microscópio AxioImager Z.1 (Zeiss, Jena; Alemanha). As distribuições de frequência sobre o número de células por ficheiro individual foram construídas a partir de 200 ficheiros de células individuais (contendo até dez células por ficheiro) para cada dia de amostragem. Os dados de duas séries experimentais independentes com os cinco dias das duas séries experimentais foram agrupados para construir distribuições de frequência sobre o número de células por ficheiro, representando assim 2000 ficheiros de células individuais. As densidades celulares foram determinadas utilizando um hematocitómetro Fuchs-Rosenthal sob iluminação de campo claro.

2.4 Fontes de luz e irradiação

Para avaliar a dependência do comprimento de onda da luz na modelação, as células foram cultivadas em suspensão nas condições descritas acima sob luz branca contínua, luz vermelha (λ_{max} 650 nm), luz vermelha distante (λ_{max} 735 nm) e luz azul (λ_{max} 470 nm) ajustada a uma taxa de fluência de 26,0 µmol m^{-2} seg^{-1}.

A luz branca foi obtida a partir de lâmpadas fluorescentes brancas frias (Atlanta Light Bulbs Inc., OSRAML18W/25 UNIVERSAL WHI), a luz azul (AVAGO TECHNOLOGIES, HLMP-HB57-LP000), a luz vermelha (VISHAY, TLDR5800) e a luz vermelha distante (Quantum Devices, QDDH 73502) foram obtidas com matrizes de LED, respetivamente. As intensidades de luz foram medidas por um sensor quântico (Skye Instrument Ltd., SKP 215), exceto a luz vermelha distante, que foi medida por um fotómetro personalizado com um sensor de fotodíodos.

2.5 Medição e registo do pH

As alterações de pH foram monitorizadas por um medidor de pH (Schott handylab, pH12) ligado a um elétrodo de pH (Mettler Toledo, LoT403-M8-S7/120) e registadas por um registo sem papel (MF Instuments GmbH, VR06) a intervalos de 1 segundo. Antes dos tratamentos, 2 ml de células em suspensão com 3 ou 4 dias de idade foram incubados num agitador durante cerca de 90 minutos até os seus valores de pH ficarem estáveis.

Para testar a função dos fármacos do citoesqueleto no aumento do pH induzido por Harpin, as células foram pré-tratadas durante 30 minutos com fármacos do citoesqueleto, incluindo falodina (1 µM), latrumculina B (1 µM), orizalina (10 µM), taxol (10 µM) e citocarasina D (5 µM). Os solventes para os diferentes inibidores foram utilizados como controlos. Após a coincubação com esses inibidores, 9 µg/ml de Harpin foram adicionados à suspensão.

2.6 Visualização de microtúbulos e análise quantitativa

Os microtúbulos foram visualizados por imunofluorescência indireta utilizando FITC (Eggenberger *et al.* 2007). Em resumo, as células foram fixadas durante 30 minutos com paraformaldeído a 3,7% (p/v) em tampão de estabilização de microtúbulos (MSB: 50 mM PIPES, 2 mM EGTA, 2 mM $MgSO_4$, 0,1% Triton X-100, pH 6,9) com câmaras de coloração feitas pelo próprio (Nick *et al.* 2000), e depois lavadas em PBS 3 vezes durante 5 minutos. Subsequentemente, a parede celular foi digerida com 1% (p/v) de Macerozym (Duchefa, Haarlem, Países Baixos) e 0,2% (p/v) de Pectolyase (Fluka, Taufkirchen, Alemanha) em MSB durante 5 min. Mais uma vez, o excesso de enzima foi lavado durante 5 minutos com PBS. Os locais de ligação inespecíficos foram bloqueados durante 30 minutos com BSA 0,5% (p/v) diluído em PBS. Imediatamente após o bloqueio, as células foram transferidas para uma diluição 1:250 do anticorpo primário DM1A (Taufkirchen, Alemanha) em PBS durante 1 hora a 37 °C numa câmara húmida. Para remover o anticorpo primário não ligado, as células foram lavadas 3 vezes durante 5 minutos em PBS. Em seguida, a amostra foi incubada com um anticorpo secundário conjugado com FITC durante 1 hora a 37 °C numa câmara húmida. O anticorpo secundário não ligado foi removido por lavagem com PBS. As células foram então lavadas 3 vezes durante 5 minutos em PBS e observadas imediatamente por microscopia confocal de varrimento a laser (TCS SP1; Leica, Bensheim, Alemanha) utilizando a configuração de fase fixa do microscópio confocal de varrimento a laser com a linha laser de 488 nm do laser ArKr e um protocolo de cálculo da média de quatro fotogramas.

A integridade dos microtúbulos foi medida conforme descrito em Abdrakhamanova *et al.* (2003). Após transformação em imagens binárias para eliminar diferenças na intensidade global, as imagens foram filtradas utilizando o algoritmo Find Edge. O resultado foi uma imagem em que um perfil ao longo de cada microtúbulo produzia a mesma densidade integrada, independentemente da espessura do microtúbulo ou da sua intensidade de fluorescência original. Nestas condições, foi possível obter uma função linear entre a densidade integrada ao longo de uma linha que intersecta a matriz de microtúbulos, perpendicular à orientação dos microtúbulos individuais e o número de microtúbulos intersectados por esta linha. Esta função foi utilizada para calibrar os dados da amostra. Para obter os dados de amostra, foi colocada sobre cada célula uma rede de cinco linhas paralelas igualmente espaçadas, com 8 píxeis de espessura, de modo a que as linhas fossem orientadas perpendicularmente à matriz de microtúbulos e não tocassem na parede celular. A densidade integrada ao longo de cada linha foi então determinada com o algoritmo Analyze, calculada a média para cada célula e corrigida para medições de fundo obtidas a partir da mesma imagem. A frequência dos microtúbulos (definida como o número de microtúbulos que são intersectados por uma linha de 100 µm) foi calculada a partir destas densidades, através da função de calibração.

2.7 Visualização dos microfilamentos de actina

Os microfilamentos de actina foram visualizados conforme descrito em Maisch e Nick (2007) com pequenas modificações.

Para as células *de Vitis*, as células em suspensão foram fixadas durante 30 minutos em paraformaldeído fresco a 1,8% (p/v) em tampão padrão (0,1 M PIPES, pH 7,0, suplementado com 5 mM MgCl2 e 10 mM EGTA) contendo 1% (v/v) de glicerol e 0,1% (v/v) de Triton X-100, as células foram lavadas 3 vezes durante 5 minutos com tampão padrão.

Para as células VBI-3 do tabaco, as células em suspensão foram fixadas durante 10 minutos em paraformaldeído fresco a 1,8% (p/v) em tampão padrão (0,1 M PIPES, pH 7,0, suplementado com 5 mM MgCl2 e 10 mM EGTA), seguido de uma xação subsequente de 10 minutos em tampão padrão contendo 1% (v/v) de glicerol. Lavar as células com tampão padrão duas vezes durante 10 minutos cada.

Em seguida, 0,5 ml das células ressuspensas foram incubados durante 30 minutos com 0,5 ml de 0,66 µM de isotiocianato de fluoresceína (FITC)-faloidina (Sigma-Aldrich) preparado recentemente a partir de uma solução de reserva de 6.6 µM em etanol a 96% (p/v) por diluição (1:10, v/v) com solução salina tamponada com fosfato (PBS; 0,15 M NaCl, 2,7 mM KCl, 1,2 mM KH2PO4 e 6,5 mM Na2HPO4, pH 7,2). As células foram então lavadas 3 vezes em PBS, 5 minutos cada, e observadas imediatamente em microscopia confocal de varrimento a laser (TCS SP1; Leica, Bensheim, Alemanha) utilizando a configuração de fase fixa do microscópio confocal de varrimento a laser com a linha laser de 488 nm do laser ArKr e um protocolo de cálculo da média de quatro fotogramas.

2.8 Isolamento do ARN e RT-PCR

1,5 ml de células com 5 dias de idade foram induzidas com 9 µg/ml de Harpin durante 30 min, 2 h, 4 h, 6 h separadamente, utilizando água como controlo e colhidas por centrifugação de baixa velocidade. O RNA total das células *de Vitis Rupestris* e *Vitis vinefera* cv. "Piont Noir" foi extraído usando o RNeasy Plant Mini Kit (Qiagen, Alemanha) e o Spectrum TM Plant Total RNA Kit (Sigmal, Alemanha), respetivamente, e depois tratado com um conjunto de DNase sem DNA (Qiagen, Alemanha) para remover o DNA contaminante. O ARNc foi sintetizado a partir de 1 µg de ARN total utilizando o kit M-MuLV RTase cDNA Synthesis Kit (TakaRa), de acordo com as instruções do fabricante, e o inibidor de ribonuclease RNaseOUT TM (Recombinant) (Invitrogen, Alemanha) foi utilizado para remover o ARN remanescente. Foi efectuada a amplificação por PCR e foram utilizadas as seguintes condições de PCR: 30 ciclos (94 °C, 30 s; 60 °C, 30 s; 72 °C, 1 min). Subsequentemente, os produtos da PCR foram examinados por eletroforese em gel de agarose. Os níveis de transcrições foram quantificados utilizando o software Image J relativamente ao fator de elongação 1a como padrão interno. Para testar a função dos fármacos do citoesqueleto nas transcrições dos genes induzíveis por Harpin, as células foram pré-tratadas durante 30 minutos com fármacos do citoesqueleto, incluindo falodina (1 µM), patrumculina B (1 µM), orizalina (10 µM), taxol (10 µM) e citocarasina D (5 µM). O DMSO a 100% foi utilizado como controlo do solvente e a água como controlo em branco. Após o pré-tratamento, as células foram induzidas com Harpin nos pontos de tempo indicados.

Tabela 1 Designações, sequências e referências bibliográficas para os primers oligonucleotídicos utilizados para amplificar as sequências de marcadores utilizadas neste estudo. PR10 Pathogenesis-related proteins 10, respetivamente; PGIP polygalacturonase inhibiting protein; PAL1 phenylalanine ammonia lyase 1; CHS chalcone synthase; RS resveratrol synthase; StSy stilbene synthase; CHI chalcone isomerase.

Nome	Acesso ao GenBank	Sequência do iniciador 5'- 3'	Referência
EF1-α	EC959059	Sentido: 5'gaactgggtgcttgataggc 3' Anti-sentido: 5'aaccaaaatatccggagtaaaaga 3'	Reid, *et al.*, 2006
PAL	X75967	Sentido: 5'tgctgactggtgaaaaggtg 3' Anti-sentido: 5'cgttccaagcactgagacaa3'	Belhadj *et al.*, 2008
CHI	X75963	Sentido: 5'gttcaggtcgagaacgtcc 3' Anti-sentido: 5'gcttgccgatgatggactc 3'	Kortekamp, 2006
CHS	AB066274	Sentido: 5'ggtgctccacagtgtgtctact 3' Anti-sentido: 5'taccaacaagagaaggggaaaa 3'	Belhadj *et al.*, 2008
PR10	AJ291705	Sentido: 5'cttacgagagtgaggtcacttc 3' Anti-sentido: 5'gcaatagaacatcacaaatactcc 3'	Kortekamp, 2006
PGIP	AF05093	Sentido: 5'gatggtactgcgtcgaatg 3' Anti-sentido: 5'gtggagcaccacacaagc 3'	Kortekamp, 2006
RS	AF274281	Sentido: 5'gaaacgctcaacgtgccaagg 3' Anti-sentido:5'gtaaccataggaatgctatgtagc 3'	Kortekamp, 2006
StSy	X76892	Sentido: 5'ggatcaatggcttcagtcgag 3' Anti-sentido: 5'gtcaccataggaatgctatgc 3'	Kortekamp, 2006

2.9 Determinação da viabilidade celular

Alíquotas (0,5 ml) de cada amostra foram transferidas para câmaras de coloração feitas pelo próprio (Nick *et al.* 2000) para remover o meio, depois as células foram incubadas em azul de Evans a 2,5% (p/v) durante 3 min, o azul de Evans foi eliminado por lavagem com água duas vezes. A frequência das células coradas (inviáveis) foi determinada, bem como o número de células por ml, utilizando um hematocitómetro Fuchs-Rosenthal sob iluminação de campo claro. Os valores apresentados baseiam-se na observação de, pelo menos, 1500 células de três experiências independentes.

2.10 Extração de proteínas e análise de western blot

A extração de proteínas foi realizada conforme descrito em Jovanovic *et al.* (2010) e Nick *et al.* (1995), com pequenas modificações.

Os extractos de proteínas foram preparados a partir de células de videira com 5 dias de idade, 16 h após o tratamento com 9 µM de Harpin. Após sedimentação em tubos falcon de 15 ml (10min, 1500 g, Hettich Centrifuge Typ1300, Tuttlingen, Alemanha), as células foram homogeneizadas no mesmo volume de tampão de extração pré-arrefecido a 0 °C, contendo 25 mM MES, 5 mM EGTA, 5 mM $MgCl_2$, 1M glicerol, pH 6.9, suplementado com 1 mM de ditiotreitol (DTT) e 1 mM de fluoreto de fenilmetilsulfonilo (PMSF), utilizando um Potter de vidro no gelo.

Os resíduos de tecido insolúveis foram removidos por centrifugação (5 minutos a 13 000 g; Heraeus Instruments, Biofugepico, Osterode, Alemanha, Rotor PP1/96 #3324), seguida de ultracentrifugação (15 minutos a 100 000 g, 4 °C; Beckman, EUA, TL-100, rotor TLA100.2). As proteínas no sobrenadante foram concentradas e precipitadas com ácido tricloracético. Em seguida, o sedimento foi lavado com acetona a 80 % a -20 °C, agitando vigorosamente em vórtice. O sobrenadante foi novamente eliminado após centrifugação (30 minutos a 13 000 g).

As amostras foram dissolvidas em 200 µl de tampão de amostra, incubadas durante 10 min a 95 °C, carregadas num mini gel SDS a 10% e submetidas a western blotting, tal como descrito em Nick *et al.* (1995). Foi utilizado um marcador de proteínas de largo espetro previamente corado (P7708S, New England Biolabs) como padrão de peso molecular. Para a deteção de a-tubulina tirosinizada e destirosinizada, foram utilizados os anticorpos monoclonais ATT (Sigma-Aldrich; Kreis, 1987) e DM1A (Sigma-Aldrich; Breitling e Little, 1986) numa diluição de 1:400 em solução salina tamponada com TRIS contendo TritonX-100 (TBST; 20 mM TRIS-HCl, 150 mM NaCl, 1% Triton, pH 7,4), respetivamente. O desenvolvimento do sinal foi obtido por um anticorpo secundário de cabra anti-IgA de ratinho, conjugado com fosfatase alcalina (Sigma-Aldrich) a uma diluição de 1:2500 em TBST com 3% de leite em pó magro. Um conjunto paralelo de pistas carregadas exatamente da mesma forma foi visualizado por coloração com Coomassie Brillant Blue (CBB) para controlar o carregamento.

2.11 Quantificação da resposta de crescimento à orizalina

O crescimento da cultura em suspensão de células de uva foi quantificado medindo o volume do sedimento de 15 ml de cultura em suspensão 7 dias após a subcultura.

2.12 Deteção de morte celular programada

A morte celular programada foi detectada pelo kit de deteção de morte celular in situ, TMR red (Roche Diagnostics GmbH).

Preparação do material de amostra: Células de 8-10 dias de idade foram incubadas com 9 µg/ml de Harpin por 24 h e depois lavadas com PBS por 3 vezes. Foram inoculadas 100 ul de células com 100 ul de solução de fixação (paraformaldeído a 4% em PBS, pH 7,4, preparado de fresco). As células foram ressuspendidas e incubadas à temperatura ambiente durante 1 h, sendo depois centrifugadas a 300 g durante 10 min, a fim de remover o fixador por sucção com tecido. As células foram lavadas uma vez e o sobrenadante foi removido após centrifugação a 300 g durante 10 minutos. Subsequentemente, as células foram ressuspendidas em 100 µl de solução de permeabilização (0,1% de Triton X-100 em 0,1% de citrato de sódio, preparada de fresco) e incubadas em gelo durante 2 minutos.

Marcação e microscopia: Para o controlo positivo, as células foram incubadas com DNase 1 recombinante (3000 U/ml- 3U/ml em 50mM Tris-HCl, pH 7,5, 1mg.ml BSA) para induzir quebras de cadeia de ADN. As células foram lavadas duas vezes com PBS, depois ressuspendidas em 50 µl de mistura de reação TUNEL e incubadas a 37 °C durante 1 h no escuro. Lavar duas vezes com PBS e manter as células em PBS. Para o controlo negativo, foram adicionados 50 µl de solução de lable. Os núcleos foram corados com cloridrato tri-hidratado de 2'-(4-hidroxifenil)-5-(4-metil-1-piperazinil)-2,5'-bi(1H-benzimidazol) (Hoechst 33258, Sigma-Aldrich) na concentração final de 1 µg/ml).

As células foram visualizadas num microscópio AxioImager Z.1 (Zeiss), utilizando o conjunto de filtros DAPI (excitação a 365 nm, feixe de luz a 395 nm e emissão a 445 nm) para todos os núcleos celulares. As células que sofreram morte celular programada foram observadas através do conjunto de filtros HE (excitação a 550 nm, feixe de luz a 570 nm e emissão a 605 nm).

3 Resultados

3.1 A luz pode salvar a sincronia da divisão celular dependente da auxina numa linha celular de tabaco

3.1.1 Padrão de divisão celular do VBI-3

A linha celular de tabaco cv. Virginia Bright Italia 3 (VBI-3) foi derivada da linha celular de tabaco VBI-0 (Opatrnÿ e Opatrná, 1976) como uma linha clonal selecionada para crescimento autónomo de auxina em luz contínua. A VBI-0 e a VBI-3 são semelhantes no que respeita ao seu ciclo de vida, à axialidade do ficheiro celular e à sincronia da divisão celular (Fig. 3.1). As curvas de crescimento (Fig. 3.1A), representadas como densidade celular relativa à densidade celular final em função do tempo, são praticamente idênticas para VBI-3 e VBI-0. Tal como observado no VBI-0 ancestral, a divisão celular no VBI-3 apresenta uma axialidade clara (Fig. 3.1B) e inicia-se a partir de células individuais e de ficheiros de 2 células (Fig. 3.1C) para gerar ficheiros de células pluricelulares. As distribuições de frequência construídas sobre o número de células por ficheiro mostram frequências mais elevadas de ficheiros com números de células pares em comparação com ficheiros com números de células desiguais (Fig. 3.1D), tal como descrito para a linha ancestral VBI-0 (Campanoni *et al.*, 2003). No entanto, ao contrário da VBI-0, onde a divisão celular requer estritamente NAA e 2,4-D exógenos (dados não mostrados), a divisão celular e a sincronia são independentes de NAA e 2,4-D. Em contraste com o VBI-0 ancestral, o VBI-3 forma plastídeos contendo clorofila quando cultivado em condições de luz, como detectado pela autofluorescência da clorofila (Fig. 3.1B). No entanto, a sincronia da divisão celular não é significativamente alterada, quando os ficheiros VBI-3 cultivados no escuro são comparados com os que foram cultivados sob luz branca (Fig. 3.1D).

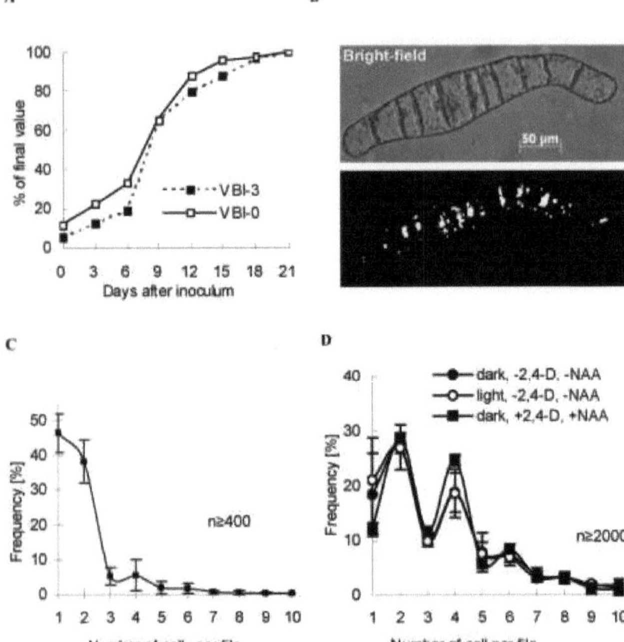

Figura 3.1 A divisão celular em VBI-3 segue um padrão que é independente de auxinas exógenas. A, Densidade celular de VBI-3 e VBI-0 ao longo do tempo após o subcultivo. A densidade é dada em relação ao valor final após 21 dias de cultivo. B, Morfologia de VBI-3, campo claro e autofluorescência de clorofila. C, Distribuição de frequência sobre o número de células por ficheiro no estado inicial (dia 0). D, Distribuição de frequências durante a fase logarítmica na presença de auxinas exógenas (controlo) ou na ausência de NAA e 2,4-D para cultivo no escuro ou sob luz branca. As distribuições são baseadas em ≥400 (C) ou ≥2000 (D) ficheiros de células de duas séries experimentais independentes. As barras de erro indicam SE.

3.1.2 A sincronia da divisão celular é afetada pelo NPA e pode ser recuperada pela luz ou IAA

Para investigar se a sincronia da divisão (monitorada como predominância de filetes de células pares) era dependente do transporte de auxina, NPA, um inibidor do transporte polar de auxina, foi adicionado ao meio e cultivado no escuro (Fig. 3.2A) ou em condições de luz após o subcultivo (Fig. 3.2B). A distribuição de frequências foi alterada em condições de escuridão, caracterizada pela diminuição da frequência de limas com 4 e 6 células (Fig. 3.2A), o que elimina o cume de limas com 4 células, ou seja, a sincronização da divisão celular foi afetada. Quando as células foram cultivadas sob luz branca, o pico de arquivos com 4 células foi mantido na presença de NPA, ou seja, a sincronia prejudicada em resposta ao NPA foi resgatada pela luz (Fig. 3.2B). Para excluir a possibilidade de o salvamento ter sido imitado por uma foto-inativação do NPA, realizámos uma experiência de controlo, em que o meio complementado com NPA foi irradiado sob a mesma luz experimental durante 11 dias e depois utilizado para subcultura. Esse meio pré-irradiado causou a mesma perturbação da sincronia que o meio recém-fornecido com NPA (dados não mostrados). À semelhança da luz branca, o IAA exógeno pode contrariar o efeito do NPA e restaurar a predominância de ficheiros com quatro células em relação aos ficheiros com 3 ou 5 células (Fig. 3.2C). Em combinação com a luz branca, o IAA exógeno podia eliminar o efeito do NPA quase completamente, de tal forma que o padrão de divisão de cultivados sob uma combinação de luz branca, IAA exógeno e NPA produzia o mesmo padrão que os cultivados na ausência de NPA (comparar Figs. 3.2C e 3.2B).

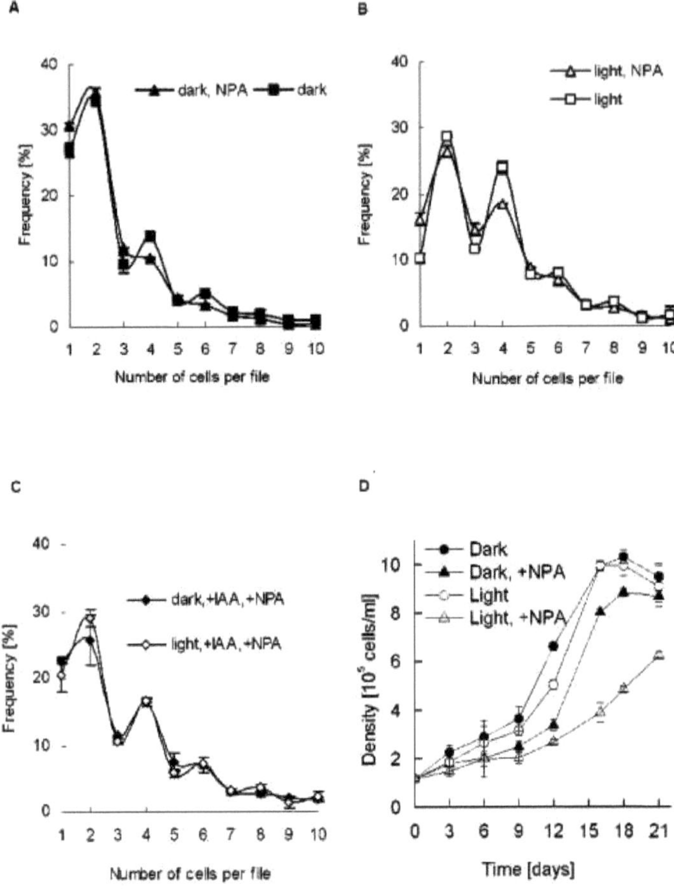

Figura 3.2 O efeito do NPA no padrão de divisão pode ser resgatado pela luz ou IAA exógeno. As distribuições de frequência do número de células por ficheiro são mostradas para células cultivadas com 5 µM NPA, quer no escuro (A), quer sob luz branca (B) ou após tratamento com 2 µM IAA (C). As células de controlo em A e B foram cultivadas na ausência de NPA. Cada distribuição é baseada em ≥2000 ficheiros de células de duas séries experimentais independentes. D, Densidade celular ao longo do tempo após o subcultivo em culturas escuras e claras cultivadas na ausência ou na presença de 5 µM NPA. As barras de erro indicam SE.

3.1.3 A recuperação da sincronia da divisão pela luz depende da qualidade da luz

Uma vez que a irradiação com luz branca contrariou o efeito do NPA na sincronia da divisão, estamos interessados em testar se esta inversão depende da qualidade da luz (Fig. 3.3). Para este efeito, as culturas de células foram mantidas em câmaras irradiadas com luzes de diferentes comprimentos de onda. Os resultados mostraram que a luz vermelha contínua tem uma capacidade de recuperação bastante limitada (Fig. 3.3A). Enquanto as culturas sob luz azul contínua apresentam uma recuperação satisfatória, especialmente em ficheiros com menos de 5 células, infelizmente a recuperação é incompleta para ficheiros mais longos (Fig. 3.3B). Surpreendentemente, a luz vermelha intensa contínua pode elevar a frequência de limas com 4 e 6 células (Fig. 3.3C) e a distribuição de frequências resultante tornou-se congruente com a observada na ausência de NPA (comparar Figs. 3.3C e 3.2B). Assim, a luz vermelha intensa contínua pode eliminar a perturbação do NPA na sincronia da divisão.

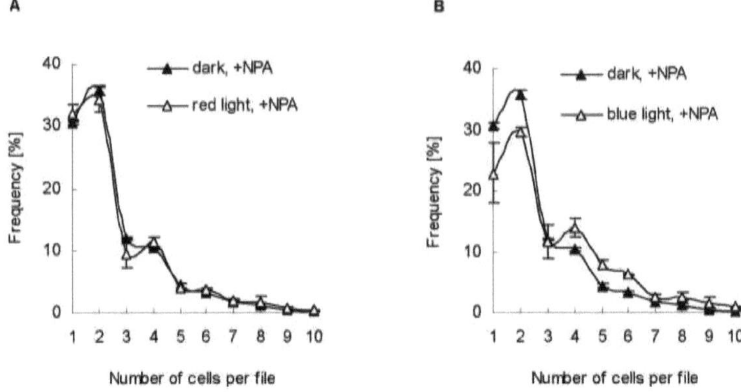

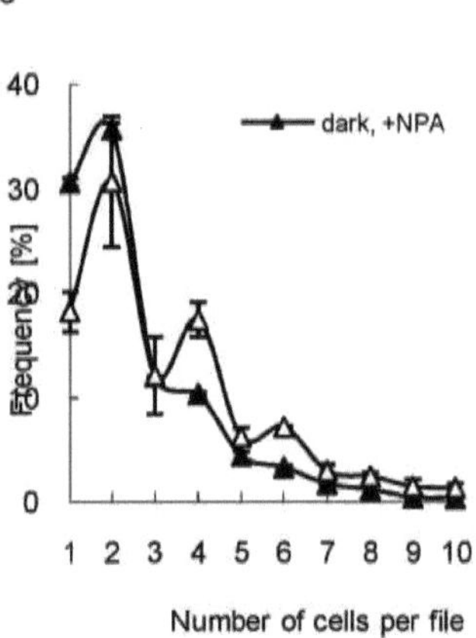

Figura 3.3 O resgate dependente de luz do padrão de divisão na presença de NPA depende da qualidade da luz. As distribuições de frequência do número de células por arquivo foram construídas para incubação com 5 µM NPA sob taxas de fluência iguais (26.0 µmoΓm -2'sec - 1) de luz vermelha contínua (A), azul (B) e luz vermelha distante (C). Cada distribuição é baseada em ≥2000 ficheiros de células de duas séries experimentais independentes. As barras de erro indicam SE.

3.1.4 O NPA afecta a organização dos filamentos de actina

Foi demonstrado que a sincronia da divisão depende da organização da actina (Maisch e Nick, 2007), e o efeito de certas fitotropinas no transporte de auxina foi atribuído à indução de feixes de actina (Dhonukshe *et al.*, 2008), o que colocou a questão de como os filamentos de actina respondem ao NPA em VBI-3. Os filamentos de actina foram visualizados por faloidina fluorescente em combinação com um protocolo de fixação suave após 2 h, 16 h e 24 h de incubação com 5 µM NPA, respetivamente. A resposta da organização da actina ao NPA ao longo do tempo foi seguida por microscopia confocal. Na ausência de NPA (mas na presença do solvente utilizado para o NPA, DMSO, na mesma concentração que nas amostras tratadas), os fios de actina transvacuolar estendem-se do núcleo para a periferia da célula e difundem-se numa matriz de actina cortical (Fig. 3.4A). 2 h após a adição de NPA, esta matriz de actina cortical, bem como os filamentos transvacuolares, desapareceram significativamente, enquanto a matriz de actina perinuclear se tornou mais proeminente (Fig. 3.4B). Esta repartição da actina em direção ao núcleo conduz a uma situação em que apenas alguns feixes de actina emanam do

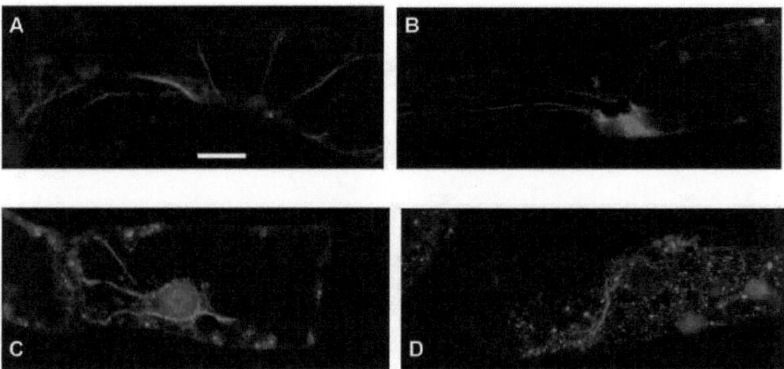

núcleo 16 horas após a adição de NPA (Fig. 3.4C) e, eventualmente, a actina desintegra-se em fragmentos curtos (Fig. 3.4D).

Figura 3.4 Efeito do NPA na organização da actina em células VBI-3 após incubação durante 2 h (B), 16 h (C), 24 h (D). O controlo (A) foi tratado com DMSO. 5 µM de NPA foi adicionado ao meio na presença de NAA e 2,4-D durante a subcultura. As células foram cultivadas no escuro. Projeções de z-stacks através de toda a célula são mostradas. Barra de escala 20 µm.

3.1.5 Resumo

A formação de padrões nas plantas tem de lidar com a variabilidade do ambiente e, por conseguinte, tem de integrar sinais ambientais como a luz. A sincronia das divisões celulares foi observada em ficheiros de células de culturas em suspensão de tabaco, o que representa um caso simples de formação de padrões. A resposta à luz e a linha celular autónoma de auxina VBI-3 herdaram esta caraterística de formação de padrões como a sua linha celular progenitora VBI-0, as divisões celulares são sincronizadas durante a fase de crescimento exponencial.

Por conseguinte, a linha celular VBI-3 deve ser um candidato ideal para avaliar a relação entre o padrão de divisão e a luz e a auxina. Esta sincronia pode ser inibida pelo ácido 1-N-naftilftalâmico, um inibidor do transporte de auxina, e este processo foi acompanhado pela desmontagem dos filamentos de actina. No entanto, a sincronia pode ser recuperada por luz branca ou ácido indolil-3-acético exógeno. A recuperação foi mais eficiente sob luz vermelha distante contínua, seguida de luz azul contínua, enquanto o efeito da luz vermelha contínua foi bastante limitado.

3.2 O citoesqueleto actua a montante da expressão genética em resposta ao elicitor Harpin na videira

Demonstra-se aqui que as duas linhas celulares *V. rupestris* e cv. 'Pinot Noir' diferem no que respeita à resposta dos microtúbulos e dos filamentos de actina ao elicitor. Este facto está correlacionado com a diferente estabilidade dos microtúbulos e com uma resposta diferencial dos genes de defesa. Além disso, os genes de defesa podem ser parcialmente desencadeados pela manipulação farmacológica dos microtúbulos na ausência de elicitor, o que comprova o papel do citoesqueleto que actua a montante da expressão genética desencadeada pelo elicitor.

3.2.1 A harpina induz a alcalinização extracelular

Para monitorizar potenciais diferenças na resposta das duas linhas celulares ao elicitor Harpin, utilizámos a alcalinização extracelular como indicador (Fig. 3.5). Observámos em ambas as linhas celulares que o pH aumentou rapidamente e culminou cerca de 30 minutos após a adição do elicitor, diminuindo posteriormente. No entanto, na cv. 'Pinot Noir', o pico da resposta foi retardado (após 2000 s) em comparação com *V. rupestris* (após 1000 s). Para a cv. 'Pinot Noir', a resposta foi acelerada e atingiu uma maior amplitude, quando a concentração de Harpin foi aumentada de 9 µg⁄ml para 90 µgλml (Fig.3.5C), no entanto, em *V. rupestris*, não houve diferença significativa entre as duas concentrações (Fig.3.5D). Para caraterizar a diferença entre as duas linhas celulares a um nível quantitativo, foram registados cursos temporais variando a concentração do elicitor. Os resultados foram ajustados utilizando uma equação de Michaelis-Menten com pH_{max50} (o tempo em que a resposta do pH atingiu o meio-máximo) como indicador de velocidade. Quando $_{1/TpH50}$ foi representado em função da concentração de Harpin (Fig.3.5E e F), foram encontradas curvas saturáveis que se ajustaram bem à função de Michaelis-Menten (R^2 0,805 para cv. 'Pinot Noir', e 0,600 para *V. rupestris*, respetivamente). A partir dessas funções, as concentrações efetivas ($_{EC25}$, induzindo 25 % da resposta máxima) puderam ser calculadas em 8,14 µg⁄ml para cv. 'Pinot Noir' e 1,65 µg⁄ml de *V rupestris*, respetivamente. Isto significa que a afinidade de *V. rupestris* é cerca de cinco vezes maior em comparação com a cv. 'Pinot Noir'.

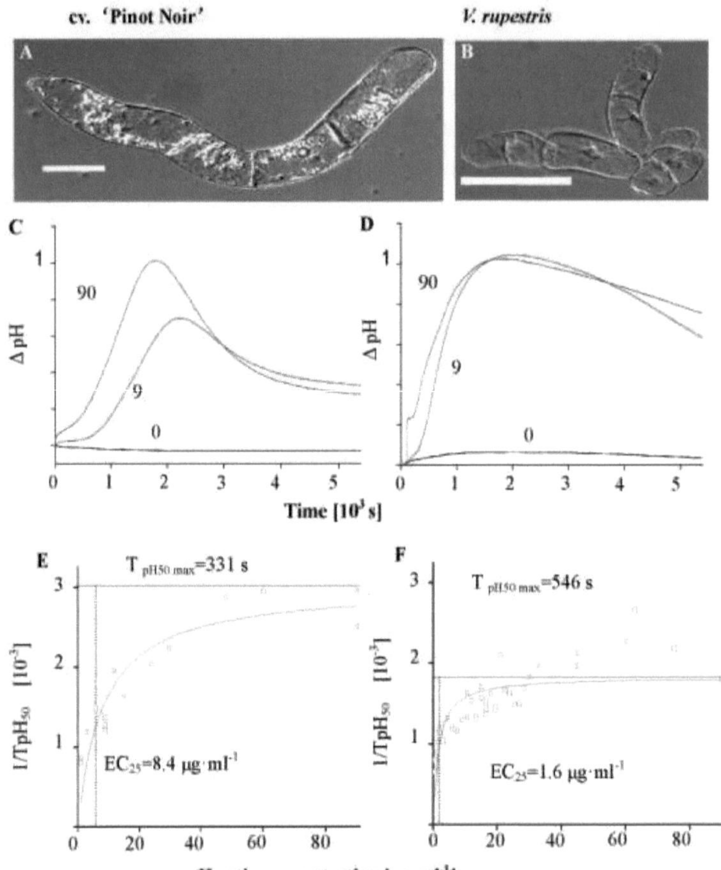

Figura 3.5 Morfologia celular e resposta do pH a Harpin na cv. 'Pinot Noir' (A, C, E) e *V. rupestris* (B, D, F). A, B Morfologia celular em contraste de interferência diferencial. Barra de escala 50 µm. C, D Tempo representativo cursos da resposta do pH a 0, 9 e 90 µg/ml de Harpin. E, F Análise cumulativa de cursos de tempo em respostas a concentrações crescentes de Harpin. Os dados foram ajustados usando uma função Michaelis-Menten. TpH50 representa o tempo para atingir 50% da resposta máxima. As curvas representam a média de n = 15 cursos de tempo individuais.

Para investigar se a dinâmica do citoesqueleto está envolvida na alcalinização extracelular desencadeada pela Harpin, os inibidores da dissociação ou montagem do citoesqueleto foram pré-incubados com a cultura de células durante 30 minutos antes da adição da Harpin. Tanto o inibidor da montagem de microtúbulos orizalina como os inibidores da montagem de microfilamentos latrunculina B ou citocalasina D diminuíram ligeiramente a resposta do pH, enquanto o inibidor da desmontagem do citoesqueleto agravou ligeiramente esta resposta. Não foram observadas diferenças entre a cv. 'Pinot Noir' e *V. rupestris* nesta resposta.

Figura 3.6 O efeito dos fármacos do citoesqueleto e do Gd^{3+} na alcalinização extracelular despoletada pela

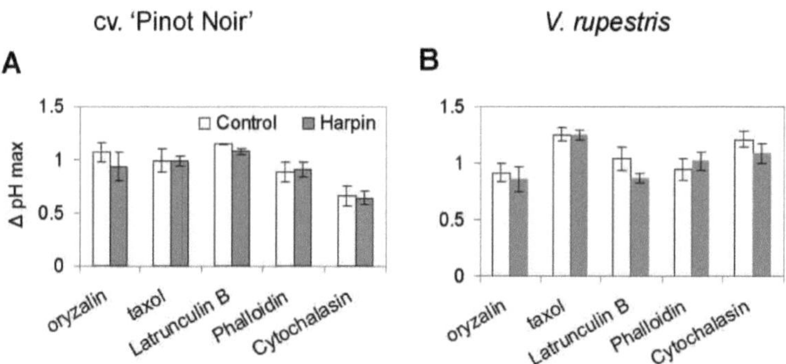

Harpin. As concentrações foram de 1 µM para a faloidina, 1 µM para a latrunculina, 10 µM para a citocalasina D, 10 µM para a orizalina, 10 µM para o taxol. Os controlos de cada tratamento foram incubados com solvente em vez de inibidor. Os inibidores e os solventes foram pré-incubados 30 minutos antes de o Harpin ser adicionado à suspensão. Cada valor é a média do pH delta máximo de 3 experiências independentes. As barras de erro indicam SE.

3.2.2 A harpina induz a desintegração dos microtúbulos

A coloração imunofluorescente combinada com a microscopia confocal é utilizada para visualizar a resposta dos microtúbulos à Harpin. Nas células de controlo, a rede microtubular estava organizada em matrizes de feixes paralelos (Fig. 3.7A, C). Em contraste, os microtúbulos se desintegraram após a adição de 9 µg/ml de Harpin (Fig. 3.7B, D). Esta resposta foi mais pronunciada em *V. rupestris* em comparação com a cv 'Pinot Noir' (Fig. 3.7D). Esta desintegração foi percetível já a partir de 1 hora após a adição do elicitor (dados não mostrados), e foi completada às 3 horas (Fig. 3.7A-D). Uma vez que o grau de desintegração dos microtúbulos induzida por Harpin variou entre as duas espécies de Vitis, a integridade dos microtúbulos foi quantificada conforme descrito em Abdrakhamanova *et al.* (2003). Como medida de integridade, foi avaliado o número de microtúbulos que intersectam uma linha de sonda perpendicular à matriz de microtúbulos (Fig. 3.7E). Em condições de controlo, a integridade dos microtúbulos era comparável entre as duas linhas celulares. No entanto, em resposta ao elicitor, manifestou-se um comportamento diferencial. A integridade dos microtúbulos não sofreu alterações significativas na cv. 'Pinot Noir', embora os microtúbulos se tenham tornado mais finos após o tratamento com Harpin (Fig. 3.7A, C). Em contrapartida, em *V. rupestris*, a frequência dos microtúbulos diminuiu drasticamente (Fig. 3.7F).

Para testar se a diferença na resposta microtubular está relacionada com a diferença na dinâmica microtubular destas duas espécies, o rácio entre a α-tubulina tirosinilada e a destirosinilada, como indicador da dinâmica dos microtúbulos, foi avaliado por Western blotting (Fig. 3.7G). A destirosinação é estimulada com o aumento do tempo de vida dos microtúbulos e, por conseguinte, pode ser utilizada para monitorizar a renovação global dos microtúbulos. A abundância relativa de α-tubulina tirosinilada (registada pelo anticorpo ATT) versus α-tubulina destirosinada (registada pelo anticorpo DM1A) foi geralmente elevada na cv. 'Pinot Noir' em relação à *V. rupestris* e até aumentou ligeiramente em resposta ao elicitor. Em contraste, a tubulina destirosinada, que era dificilmente detetável na cv. 'Pinot Noir', foi constitutivamente elevada na *V. rupestris*. Isto indica que os microtúbulos na cv. 'Pinot Noir' são geralmente dotados de uma maior rotação em comparação com a *V. rupestris*.

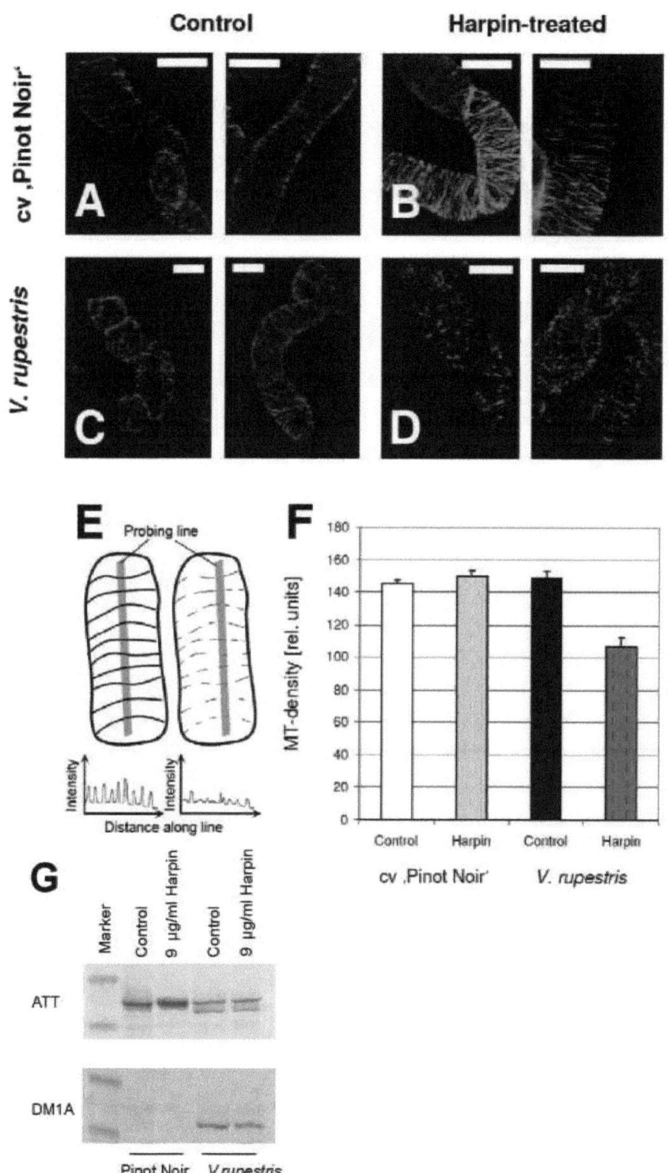

Figura 3.7 Resposta dos microtúbulos corticais a Harpin na cv. 'Pinot Noir' (A, B) e *V. rupestris*

(C, D). Projeções geométricas representativas de z-stacks coletados antes de (A, C) ou 3 horas após (B, D) o tratamento com 9 μg⁄ml Harpin. Os microtúbulos foram visualizados por imunofluorescência. Barra de escala 50 μm. E, Método para quantificar a densidade de microtúbulos (como uma medida da integridade dos microtúbulos) como fluorescência integrada ao longo de uma linha de sondagem. F, Densidade de microtúbulos em unidades relativas antes de (barras abertas) ou após 3 horas de tratamento com 9 μgZml Harpin (barras listradas). As barras de erro representam erros padrão. Os valores resumem os dados de 18-39 células individuais recolhidos de pelo menos três experiências independentes. G, Abundância relativa de α-tubulina tirosinilada (registrada pelo anticorpo ATT) versus α-tubulina destirosinada (registrada pelo anticorpo DM1A) em extratos totais de cv. 'Pinot Noir' ou *V. rupestris* que foram criados em condições de controle ou desafiados por 24 horas com 9 μg⁄ml de Harpin. A mesma quantidade de proteína total foi carregada em cada pista.

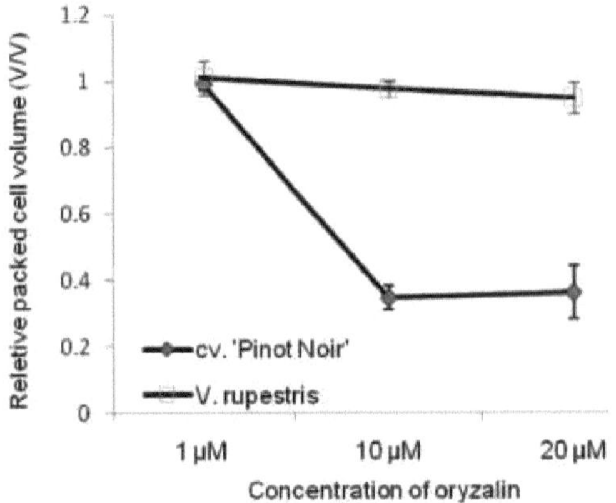

Figura 3.8 O efeito da orizalina no crescimento celular. Foram adicionados 1 μM, 10 μM e 20 μM de orizalina no subcultivo. Após 7 d, o volume de células compactadas foi medido e plotado em relação às células de controlo não desafiadas. A barra de erro representa SE.

Para verificar se os MTs constituídos por tubulina destirosinizada são mais estáveis do que os tirosinizados e se esta estabilidade é importante para manter as suas funções fisiológicas, foi investigado o efeito da orizalina no crescimento celular. A orizalina, um inibidor da montagem microtubular, causa a desmontagem da rede microtubular e, consequentemente, o crescimento celular é inibido, o que pode ser lido pelo método do volume celular compactado para cultura de células em suspensão (Jovanovic *et al.*, 2010). Quando se adicionou 10 μM de orizalina no subcultivo, o crescimento celular foi significativamente inibido na cv. 'Pinot Noir', no entanto, apenas tem uma ligeira supressão em *V. rupestris* (Fig. 3.8), cuja rede microtubular é composta por uma maior percentagem de tubulina destirosinizada.

3.2.3 A harpina induz a formação de feixes de actina

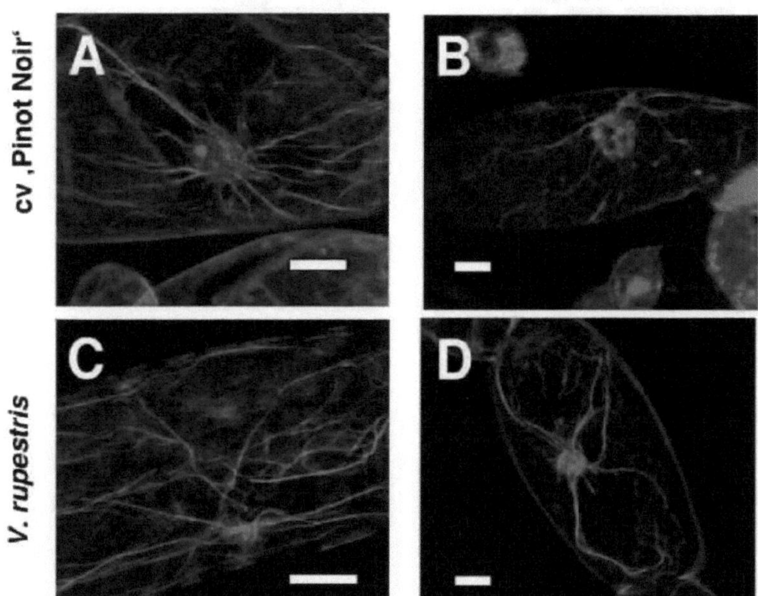

Figura 3.9 Resposta dos filamentos de actina ao Harpin em cv. 'Pinot Noir' (A, B) e *V. rupestris* (C, D). Projeções geométricas representativas de z-stacks coletados antes (A, C) ou após 3 horas (B, D) de tratamento com 9 µg/ml Harpin. Os filamentos de actina foram visualizados por faloidina marcada com fluorescência. Barra de escala 20 µm.

Uma vez que a resistência das células vegetais à penetração de um patógeno demonstrou depender da organização da actina (Kobayashi *et al.*, 1997; para revisão, ver Schmelzer, 2002), a resposta dos filamentos de actina ao Harpin foi avaliada nas duas linhas celulares. Os filamentos de actina foram visualizados por faloidina fluorescente em combinação com fixação suave após 3 h de incubação com 9µg/ml de Harpin. Na ausência de Harpin, os filamentos de actina transvacuolar estendem-se do núcleo para a periferia da célula e espalham-se numa matriz de actina cortial em ambas as linhas celulares (Figs. 3.9A e C). Em contraste, 3 h após a adição de Harpin, a matriz de actina cortical tinha desaparecido obviamente e os filamentos de actina transvacuolar mais finos tinham sido substituídos por feixes que convergem para o núcleo (Figs. 3.9B e D).

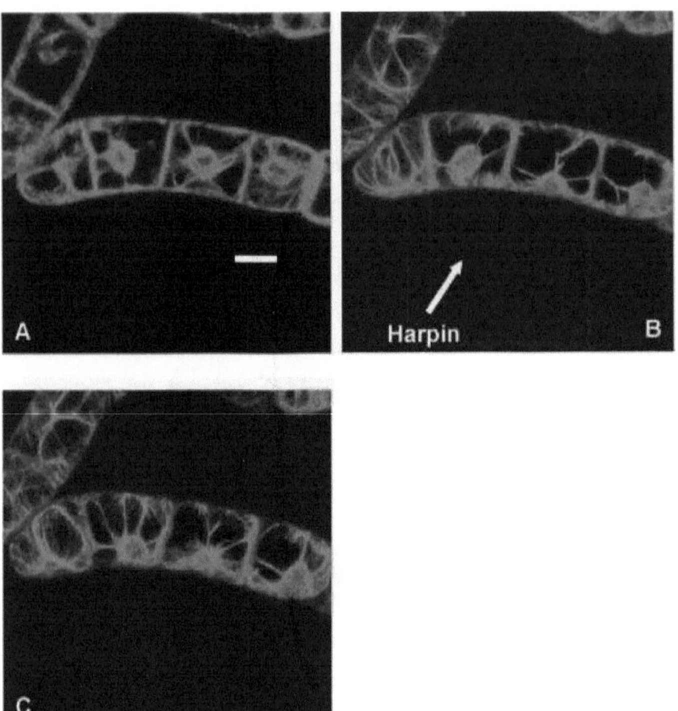

Figura 3.10 Aplicação polarizada de Harpin na organização dos microfilamentos e no movimento do núcleo numa linha celular de tabaco transformada BY-GF11, que exprime de forma estável uma proteína de fusão GFP-fimbrina ABD2. Antes da aplicação de Harpin (A), o agrupamento de microfilamentos era muito menos abundante do que após a adição de uma gota de Harpin no canto inferior esquerdo da lâmina de cobertura (B e C).

Na maioria dos casos, o núcleo move-se ao longo dos feixes de microfilamentos para o local de penetração durante a invasão do agente patogénico (para revisão, ver Schmelzer, 2002). Para testar se o elicitor Harpin, como um agente patogénico mimetizador, é capaz de desencadear este fenómeno, foram observados in vivo microfilamentos e núcleos numa linha celular transformada BY-GF11. Nesta linha celular, os feixes de microfilamentos formaram-se diretamente após a aplicação de Harpin e os núcleos deslocaram-se do centro da célula para o lado onde foi adicionado Harpin (Fig. 3.10 B e C).

3.2.4 O Harpin induz genes relacionados com a denfence

Para estimar a expressão de genes relacionados com a defesa nas duas linhas celulares, as células em suspensão foram desafiadas com 9 µg/ml de Harpin, e o mRNA foi isolado em diferentes pontos de tempo após a indução (0, 0,5, 2, 4 e 6 h). As transcrições de todos os genes expressos foram transcritas reversamente em cDNA, que foi usado como modelo para análise de PCR. Os genes candidatos relacionados com a defesa foram amplificados por PCR, e os seus níveis de expressão foram normalizados utilizando o gene do fator de alongamento 1α como referência interna. Foram utilizados genes envolvidos na via dos fenilpropanóides, como a fenilalanina amoníaco liase (PAL), a chalcona sintase (CHS), a chalcona isomerase (CHI), a estilbeno sintase (STS) e a resveratrol sintase (RS) (Fig. 3.11), complementados pela proteína PR10 relacionada com a patogénese e pela proteína inibidora da poligalacturonase PGIP, que codifica a proteína inibidora da poligalacturonase. Os transcritos correspondentes aos genes RS, StSy e PAL acumularam-se transitoriamente em ambas as linhas celulares.

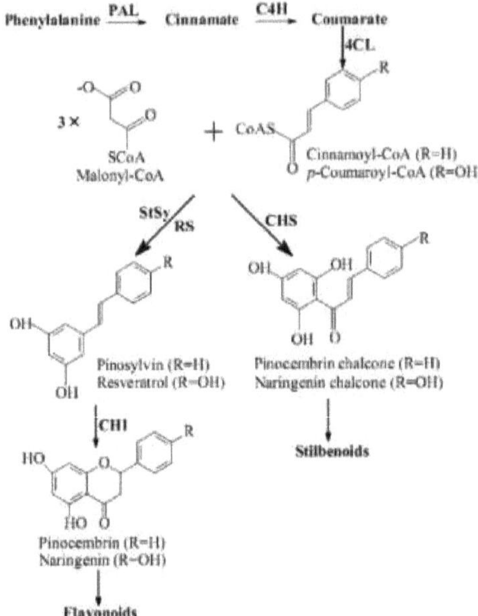

Figura 3.11 Posição das enzimas analisadas no metabolismo de flavonóides e estilbenos.

No entanto, a resposta iniciou-se mais cedo e atingiu uma maior amplitude na *V. rupestris* em comparação com a cv. 'Pinot Noir'. CHS e CHI foram constitutivamente regulados positivamente em *Vitis rupestris* em comparação com a cv. 'Pinot Noir'. A expressão de PR10 e PGIP foi regulada inversamente em relação às enzimas fenilpropano, com uma indução mais forte e mais precoce na cv. 'Pinot Noir' em comparação com a *V. rupestris.* É interessante notar que a expressão de StSy e RS, que catalisam a mesma reação bioquímica durante a biossíntese do resveratrol, difere quantitativamente, com uma resposta muito mais forte do gene StSy (cerca de cinco vezes em comparação com RS). No entanto, para ambos os genes, a resposta foi muito mais pronunciada em *V. rupestris* do que na cv. 'Pinot Noir' (Fig. 3.12).

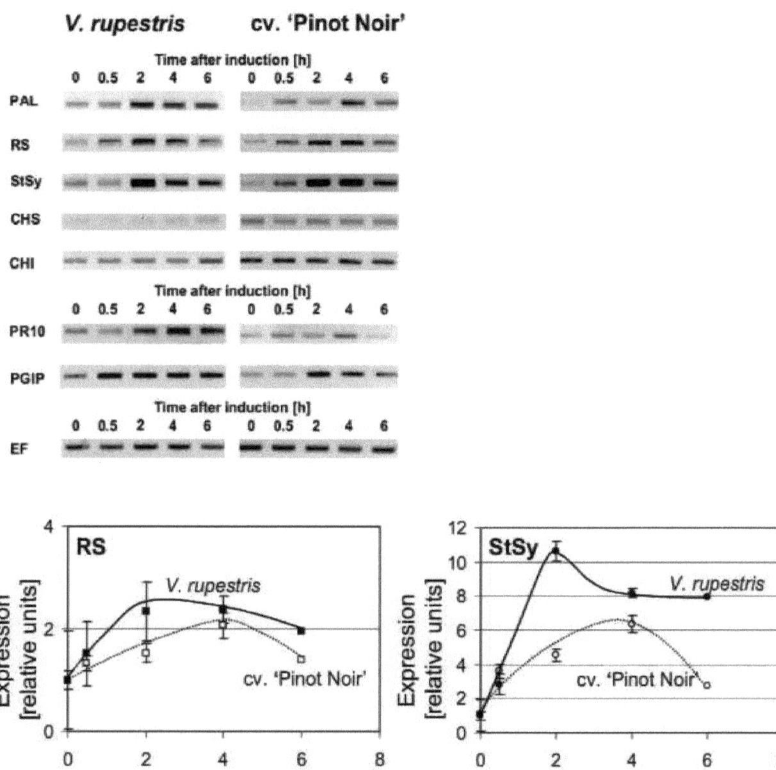

Figura 3.12 Resposta de genes relacionados com a defesa ao Harpin na cv. 'Pinot Noir' e *V. rupestris*. A Cursos temporais representativos da abundância de transcritos seguidos de RT-PCR em resposta a µg/ml de Harpin. O grupo superior representa genes da via de flavonoides e estilbenos com PAL fenilalanina amônia liase, CHS chalcona sintase, StSy stilbeno sintase, RS resveratrol sintase e CHI chalcona isomerase, o grupo do meio representa genes relacionados à patogênese com PR10 proteína 10 relacionada à patogênese e PGIP proteína inibidora de poligalacturonase, fator de alongamento 1α (EF) foi usado como padrão interno para quantificação. B Curso temporal da abundância de transcritos para a resveratrol sintase (RS) e a estilbeno sintase (StSy) em relação ao fator de elongação 1α. Os dados representam as médias de três séries experimentais independentes. As barras de erro representam erros padrão.

3.2.5 Os compostos do citoesqueleto induzem RS e StSy na ausência de elicitor

Para compreender o papel potencial do citoesqueleto das células vegetais em resposta aos eliciadores, a expressão dos genes de defesa desencadeada por Harpin é comparada com o padrão de expressão dos genes alvo induzido pela manipulação do citoesqueleto. Ambas as linhas celulares foram incubadas durante 30 minutos com fármacos direcionados para os filamentos de actina (faloidina, latrunculina B, citocalasina D) ou para os microtúbulos (orizalina, taxol) (Fig. 3.12). Após 30 min, num conjunto de amostras, foram adicionados 9 µg/ml de Harpin e a expressão genética foi ensaiada 2 horas depois, no máximo da resposta, enquanto no outro conjunto de amostras, as células não foram desafiadas pelo elicitor. No conjunto tratado com elicitor, a expressão de RS e StSy não foi significativamente diferente entre as amostras tratadas com drogas, mostrando que os compostos não prejudicaram a capacidade das células de responder ao elicitor.

É interessante notar que houve uma indução parcial (até um terço da resposta máxima), mas clara, de RS e StSy na ausência do elicitor. À semelhança das experiências anteriores, a indução foi geralmente mais pronunciada em *V. rupestris* do que na cv 'Pinot Noir', e mais proeminente para StSy do que para RS. Independentemente destas diferenças, surgiu um padrão consistente com a indução mais forte atingida pela orizalina. O taxol produziu uma indução semelhante, mas um pouco mais fraca, indicando que não é a mera presença de microtúbulos, mas sim a sua rotação que regula negativamente a expressão destes genes de defesa. A manipulação farmacológica da actina produziu efeitos mais fracos e pouco significativos - se é que houve uma tendência para a indução em *V. rupestris* pela latrunculina B, um medicamento que elimina os filamentos de actina de forma muito eficaz.

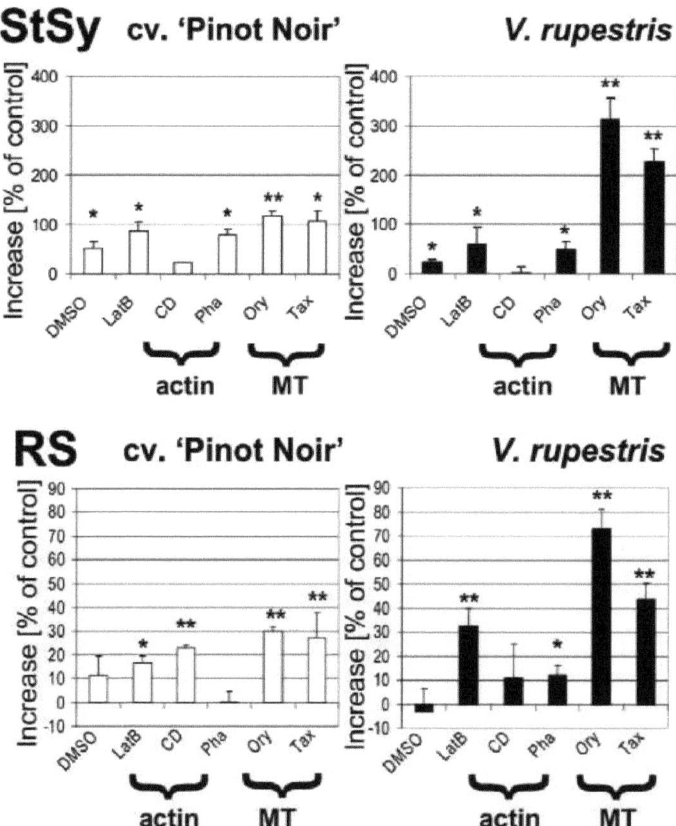

Figura 3.12 Expressão da resveratrol sintase (RS) e da estilbeno sintase (StSy) em relação a controlos não tratados após pré-tratamento com compostos anticitoesqueletais durante 30 minutos e permitindo que a resposta seja expressa durante 2 horas adicionais. As concentrações foram de 1 µM para a faloidina (Pha), 1 µM para a latrunculina B (LatB), 10 µM para a citocalasina D (CytD), 10 µM para a orizalina (Ory), 10 µM para o taxol (Tax) e 1% para o DMSO como controlo de solvente para a experiência com a orizalina. Os dados representam as médias de três séries experimentais independentes, as barras de erro representam os erros padrão. * diferença em relação ao controlo não tratado significativa a um nível de confiança de 95%, ** diferença em relação ao controlo não tratado significativa a um nível de confiança de 99%.

3.2.6 O efeito do Harpin na indução da morte celular

A harpina pode induzir a morte celular na cv. 'Pinot Noir' e na *V. rupesris*. Após 24 horas de coincidência com Harpin, a mortalidade celular aumentou rapidamente, atingindo um nível mais elevado em *V. rupesris* do que na cv. 'Pinot Noir'. Terá a morte celular programada (PCD) sido despoletada pelo Harpin? Uma PCD rápida pode restringir a multiplicação e a propagação do agente patogénico no local da infeção, e pode também facilitar a obtenção de resistência sistémica adquirida (SAR) na parte não infetada da planta. Por conseguinte, a taxa de PCD na linha celular foi testada e os resultados (Fig. 3.13 C e D) mostraram que as PCD foram parcialmente induzidas. No entanto, não se registou uma diferença significativa entre elas.

A harpina pode induzir a produção de ROS (Desikan et al., 1998). A acumulação de ROS pode desencadear tanto a necrose como a PCD. Quando a acumulação de ROS é excessiva, actua como fitoalexina, pelo que ocorre necrose. Quando não é suficiente para matar diretamente a célula, pode ser activada uma cascata de sinalização que conduzirá à PCD (revisto em Van Breusegem e Dat, 2006). Assim, concluímos que os diferentes níveis de necrose celular iniciados por Harpin nestas duas linhas celulares podem ser o resultado

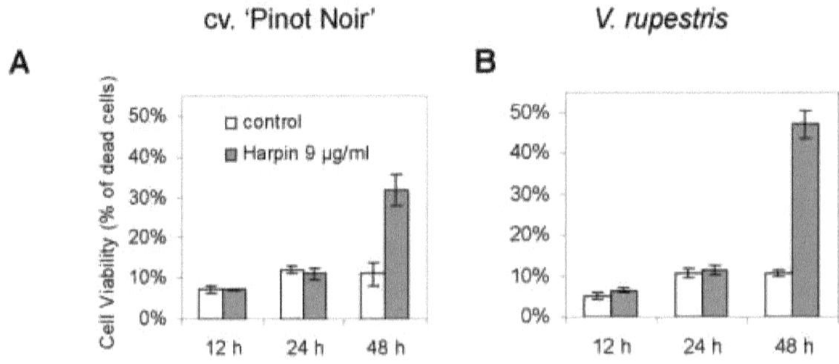

de diferentes quantidades de produção de fitoalexina.

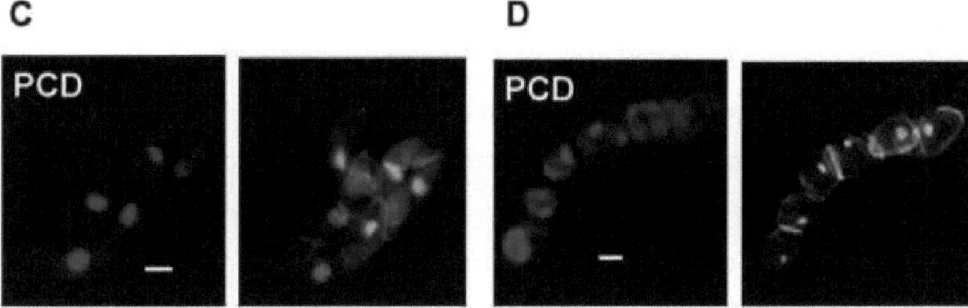

Figura 3.13 A viabilidade celular foi estimada pela percentagem de células mortas após a coloração com búlea de Evans (A e B). A harpina foi adicionada diretamente durante a subcultura. Tanto na cv. 'Pinot Noir' (C) como na *V. rupestris* (D), as células sofreram morte celular programada, avaliada pelo kit vermelho TMR, após coincidência com Harpin durante 24 h. Barra 20 µm.

3.2.7 Resumo

O citoesqueleto sofre uma reorganização dramática durante a defesa das plantas. Esta resposta é geralmente interpretada como parte da repolarização celular que estabelece barreiras físicas contra o agente patogénico invasor. Para compreender o significado funcional das respostas do citoesqueleto para a defesa, utilizámos duas culturas de células *de Vitis* que diferiam na sua dinâmica microtubular e seguimos a resposta do citoesqueleto ao elicitor Harpin em paralelo com a alcalinização do meio como resposta rápida e a ativação de genes relacionados com a defesa.

Numa linha celular derivada da cultivar de videira 'Pinot Noir', os microtúbulos continham maioritariamente α-tubulina tirosinilada, indicando uma elevada renovação microtubular, ao passo que numa linha celular derivada da videira selvagem *V. rupestris*, a α-tubulina estava fortemente destirosinilada, indicando uma baixa renovação microtubular. Os microtúbulos corticais foram rompidos e os filamentos de actina foram agrupados em ambas as linhas celulares, mas as respostas foram mais proeminentes na *V. rupestris* em comparação com a *V. vinifera* cv. 'Pinot Noir'. A reatividade do citoesqueleto correlacionou-se com a alcalinização induzida pelo elicitor e a expressão de genes de defesa. Utilizando a resveratrol sintase e a estilbeno sintase como exemplos, pode mostrar-se que a manipulação farmacológica dos microtúbulos pode induzir a expressão de genes na ausência de elicitor. Estes resultados indicam que o citoesqueleto actua a montante da expressão genética na resposta ao elicitor Harpin na videira.

4 Discussão

O citoesqueleto responde ativamente a numerosos sinais através de reorientação, agrupamento/desagregação e desmontagem/montagem. O objetivo deste trabalho foi esclarecer se estes fenómenos citoesqueléticos são apenas respostas a jusante ou se o citoesqueleto participa na perceção, regulação ou troca de sinais. Investiguei este facto em dois modelos: a sincronia da divisão celular regulada pela luz como resposta desencadeada por um estímulo abiótico e a defesa desencadeada por um elicitor como resposta a um sinal biótico.

4.1 A divisão celular sincronizada está sob o controlo do transporte polar de auxinas

Como consequência do seu estilo de vida séssil, as plantas têm de responder a sinais ambientais e ajustar o seu desenvolvimento de modo a adaptarem-se ao seu ambiente. A luz é importante para as plantas, não só como fonte de energia para a fotossíntese, mas também como um dos sinais mais importantes. A morfogénese aberta caracterizada pela flexibilidade das plantas exige que a formação de padrões seja capaz de lidar com a expansão contínua do *Bauplan* através da adição reiterativa de novos elementos (para uma revisão, ver Nick, 2006). Em trabalhos anteriores, linhas celulares de tabaco como VBI-0 (Campanoni et al., 2003) e BY-2 (Maisch e Nick, 2007) foram utilizadas como sistemas modelo para estudar aspectos celulares da formação reiterativa de padrões, e o fluxo polar de auxina foi identificado como um sincronizador da divisão celular nestas linhas celulares. Esta sincronia é perturbada quer pela inibição do efluxo de auxina através de NPA, quer pela indução do agrupamento de filamentos de actina através da sobreexpressão de talina, uma proteína de agrupamento de actina. Um aspeto interessante seria compreender como a luz influencia a formação de padrões no tabaco. No entanto, a ausência de respostas à luz nestas linhas celulares estimulou a procura de novas linhas celulares que combinassem a formação de padrões com a reatividade à luz. Os descendentes clonais da linha VBI-0 foram, por conseguinte, analisados quanto ao crescimento autónomo de auxina e à capacidade de resposta à luz manifestada pela síntese de clorofila. A linha celular VBI-3, isolada a partir desta seleção, preservou o padrão de divisão da sua linha ancestral VBI-0. Por exemplo, a divisão celular segue um curso de tempo semelhante, e a predominância de ficheiros com números pares como uma manifestação de divisão celular sincronizada é mantida (Fig. 3.1). No entanto, em contraste com a linha ancestral VBI-0, a atividade de divisão e a sincronia da divisão da VBI-3 são independentes da auxina exógena.

4.1.1 A luz inverte o efeito do NPA na divisão sincronizada

A sincronia da divisão pode ser perturbada por NPA, sugerindo que o transporte polar de auxina é responsável pela sincronia da divisão (Fig. 3.2). Quando os cursos de tempo da densidade celular no escuro versus a luz na ausência ou presença de NPA (Fig. 3.2D) foram marcados, observou-se, como esperado, que o progresso da divisão celular progrediu um pouco mais lentamente após o tratamento com NPA. No entanto, verificou-se uma diferença interessante entre o escuro e a luz: no escuro, o NPA causou apenas um pequeno atraso e a cultura atingiu a mesma densidade final de ficheiros de células (NB: o número médio de células por ficheiro individual manteve-se basicamente inalterado). Na luz, o atraso foi muito mais pronunciado (mais uma vez, o número médio de células por ficheiro individual não foi muito alterado). A sincronia da divisão pode ser restaurada pela luz ou por IAA exógeno. Quando o efeito da luz foi analisado de forma mais aprofundada através da administração de diferentes qualidades de luz com taxas de fluência iguais (Fig. 3.3), verificou-se que a luz vermelha distante contínua recuperava a sincronia de forma mais eficiente, seguida da luz azul, enquanto a luz vermelha era menos eficaz.

4.1.2 O fitocromo A está envolvido na recuperação dependente da luz

Entre os fotorreceptores das plantas, apenas os fitocromos são capazes de detetar a luz vermelha distante. Os fitocromos das plantas são sintetizados na forma inativa Pr e, após exposição à luz, são transformados na forma ativa Pfr. Uma vez que Pr absorve a luz vermelha e Pfr absorve preferencialmente a luz vermelha distante, seria de esperar que as respostas desencadeadas pelos fitocromos fossem induzidas pela luz vermelha (estabelecendo um elevado fotoequilíbrio de Pfr ativo em relação ao fitocromo total) e inactivadas pela luz vermelha distante. De facto, este tem sido o critério operacional para definir uma resposta à luz dependente do fitocromo (Butler *et al.*, 1959). O fitocromo é codificado por uma pequena família de genes com cinco membros em *Arabidopsis* (*phyA* a *phyD*) ou três membros (*phyA* a *phyC*) em arroz. Um membro, denominado *phyA*, decai após irradiação, enquanto os outros membros (*phyB-E)* são sintetizados constitutivamente e não decaem após irradiação com luz, de modo que são terminologicamente separados como fitocromos "estáveis" dos "lábeis" *phyA* (Furuya, 1993).

A fotodestruição de *phyA* tem como consequência que a luz vermelha contínua será menos eficaz no desencadeamento de uma resposta *dependente de phyA*, porque mais *phyA* por unidade de tempo será deslocado para o Pfr do que pode ser utilizado para sinalização. Este excesso de *phyA-Pfr* sofrerá então decaimento e, por conseguinte, não estará disponível para sinalização. Em contraste, a luz vermelha contínua produzirá apenas o *phyA-Pfr* necessário para acionar a sinalização, evitando o excesso de Pfr, de modo que a proporção de Pfr que sofre decaimento é negligenciável em relação à que é canalizada para a sinalização. Por conseguinte, no caso de irradiação contínua, a luz vermelha distante será mais eficaz do que a luz vermelha. Esta resposta de alta irradiação dependente do vermelho distante é específica para espécies fotolábeis (*phyA*), mas não é observada para respostas desencadeadas pelos fitocromos estáveis à luz (Kneissl *et al.*, 2008). Espera-se uma resposta semelhante de alta irradiação para outras qualidades de luz que estabelecerão um baixo fotoequilíbrio, por exemplo, a luz azul. Por conseguinte, espera-se que as respostas *dependentes de phyA* sejam induzidas de forma mais eficiente pela luz vermelha distante contínua e pela luz azul, enquanto a luz vermelha contínua deve evocar apenas um efeito fraco. Isto é exatamente o que se observa na dependência da qualidade da luz da sincronia da divisão em VBI-3 (Fig. 3.3), consistente com a hipótese de que o fotorreceptor responsável é uma forma fotolábil (*phyA*) de fitocromo. Não se pode excluir, no entanto, que um recetor de luz azul (um criptocromo) actue em conjunto com o *phyA*. Para excluir a atividade de um criptocromo, seria necessária uma irradiação bicromática com luz azul e luz vermelha distante que estabelecesse fotoequilíbrios diferentes. No entanto, o facto de *phyA* ser o fotorreceptor exclusivo seria suficiente para explicar a dependência do comprimento de onda observada no salvamento da sincronia em VBI-3.

Este não é o primeiro exemplo de uma interação entre o NPA e a luz. Há uma década, Jensen *et al.* (1998) relataram que o NPA inibia o alongamento do hipocótilo em *Arabidopsis* de forma dependente da luz. Curiosamente, a dependência do comprimento de onda foi a mesma encontrada para a sincronia de divisão em VBI-3: a luz vermelha distante contínua e a luz azul foram mais eficazes, enquanto a luz vermelha contínua teve pouco impacto. No entanto, nos hipocótilos, o NPA não estava ativo no escuro, mas necessitava de luz para ser eficaz. Em contraste, na divisão celular padronizada, o NPA é ativo no escuro, mas a sua atividade é atenuada pela luz. Esta diferença pode estar relacionada com o facto de o alongamento do hipocótilo estar sob controlo das giberelinas, ao passo que se verificou que as giberelinas não são eficazes em culturas em suspensão de tabaco (Hofmanová *et al.*, 2008).

Uma vez que a sincronia da divisão celular depende de um fluxo polar de auxina (manifestado como sensibilidade da sincronia ao inibidor do transporte de auxina NPA), e uma vez que a luz pode resgatar a sincronia na presença de NPA, o efeito da luz deve estar de alguma forma relacionado com a auxina. Deve-se ter em mente, no entanto, que o efeito dos fluxos de auxina é modificado, especialmente durante os primeiros ciclos de um arquivo de células em desenvolvimento, pela polaridade intrínseca da célula progenitora (Campanoni *et al.*, 2003), o que se torna manifesto, por exemplo, pelo fato de que a frequência de arquivos de três células após o tratamento com NPA é semelhante, mas não excede a frequência de arquivos de quatro células.

Atualmente, podem ser desenvolvidos dois cenários possíveis para explicar o efeito da luz. A luz poderia estabilizar a atividade do transportador de efluxo de auxina contra a inibição através de NPA. A partir de estudos de ligação com diferentes ligandos, deduziu-se que a superfície de ligação deste transportador é multifacetada (Brunn *et al.*, 1992). Por conseguinte, é concebível que factores dependentes da luz se liguem a esta superfície e induzam alterações conformacionais que culminem numa afinidade reduzida do NPA para este transportador. Alternativamente, a luz poderia deslocar o ciclo do transportador de efluxo de auxina para o estado ativo, ligado à membrana, de forma semelhante à sua indução por IAA (Paciorek *et al.*, 2005). Em resposta ao NPA, os filamentos de actina em VBI-3 são divididos em direção ao núcleo e acabam por se desintegrar (Fig. 3.4), uma resposta que também foi registada em raízes de Arabidopsis (Rahman *et al.*, 2007). Os filamentos de actina participam na sincronização da divisão celular em culturas de células de tabaco, regulando o fluxo de auxina polar (Maisch e Nick, 2007) e, por sua vez, a organização da actina é regulada pela auxina, estabelecendo um ciclo de feedback entre o conteúdo de auxina celular, o fluxo de auxina e a organização da actina. A luz poderia interferir com este ciclo de feedback, estabilizando os filamentos de actina contra a rutura através do NPA. De facto, foi demonstrado que a ativação de fitocromos altera a organização dos filamentos de actina em células epidérmicas de coleóptilos de Gramíneas (Waller e Nick, 1997; Waller *et al.*, 2002). Atualmente, estão em curso experiências para tentar estabelecer linhas transgénicas VBI-3 que expressem o domínio de ligação à actina da fimbrina vegetal em fusão com a proteína fluorescente verde (GFP) como instrumento para seguir as respostas da actina à luz, à auxina e ao NPA *in vivo*.

No entanto, existe um modelo muito mais simples para explicar o efeito da luz na sincronia da divisão. A inibição da sincronia da divisão foi atenuada não só pela luz, mas também pelo IAA exógeno (Fig. 3.2C). Isso indica que, após a inibição do transporte polar de auxina, é uma diminuição do conteúdo celular de IAA que prejudica a sincronização eficiente. Evidências de células BY-2 que expressam o promotor DR5 responsivo à auxina, conduzindo um repórter GFP em combinação com a libertação localizada de auxina, demonstram que as células terminais de um filete actuam como fontes de auxina que exportam auxina para as suas vizinhas a jusante; o tratamento com NPA causa uma diminuição significativa da atividade DR5 nessas células a jusante, indicando que a síntese autónoma da célula é limitante (Kusaka *et al.*, 2009). Se *phyA* estimulasse a síntese de IAA, as restrições impostas à sincronização através da aplicação de NPA seriam aliviadas da mesma forma que são aliviadas quando o IAA exógeno é adicionado diretamente. Consistente com este modelo, o trabalho recentemente publicado por Tao *et al.* (2008) demonstra que a ativação contínua de *phyA* por luz branca com uma elevada relação vermelho/vermelho distante (simulando o sombreamento da copa) pode induzir uma nova aminotransferase, TAA1, que catalisa a formação de ácido indol pirúvico a partir de triptofano como o primeiro passo de uma via de síntese de auxina previamente proposta, mas não caracterizada. Se esta via de síntese de auxina, ou uma via similar, for activada por *phyA* em VBI-3, isto poderia explicar porque é que o padrão se torna mais resistente ao NPA e porque é que o efeito da luz pode ser imitado por IAA exógeno.

Há, no entanto, um efeito espacial adicional a ser considerado. Quando os cursos temporais da densidade celular global foram avaliados (Fig. 3.2D), observou-se que o NPA causava uma redução geral da atividade global de divisão celular. Esta redução era pouco visível no escuro, mas era acentuada com a iluminação. Este resultado indica que, à luz, não só a sincronia, mas também a divisão celular em si, dependia muito mais do efluxo de auxina da célula terminal para as células proximais do filete. Por outras palavras, a síntese de auxina pode estar mais estritamente confinada à célula terminal em resposta à luz do que às células cultivadas no escuro. Entretanto, foi estabelecida uma abordagem para testar diretamente esta excitante possibilidade através da libertação localizada de auxina a partir de um precursor em gaiola resistente à esterase (Kusaka *et al.*, 2009).

A divisão celular padronizada foi estudada em grande detalhe no meristema radicular da *Arabidopsis*, onde o padrão pode ser rastreado até à embriogénese inicial. No entanto, o padrão meristemático da divisão celular já está estabelecido quando o meristema radicular se torna acessível à inspeção biológica celular, e é muito difícil, se não impossível, manipular estes padrões de uma forma fundamental.

Assim, os meristemas radiculares representam um belo sistema para estudar a perpetuação de padrões, mas para a análise da indução de padrões podem ser mais adequados sistemas mais simples e menos pré-determinados. As linhas de suspensão de tabaco fornecem esses modelos para estudar as fases primordiais do padrão de divisão e, em geral, os aspectos celulares da divisão celular. Uma das principais desvantagens do sistema de cultura de células em suspensão do tabaco é a ausência de uma resposta específica da modelação a sinais ambientais importantes, como a luz. O isolamento da linha celular VBI-3 supera esta desvantagem e permite a investigação dos eventos celulares que ligam a fotomorfogénese à divisão celular padronizada. Para compreender os mecanismos que determinam a padronização dependente da luz, está planeado seguir a resposta do conteúdo de auxina celular à irradiação. Além disso, a fim de poder abordar o padrão espacial da abundância de auxina num perfil celular, estão atualmente a ser geradas linhas transgénicas que expressam o promotor DR5 responsivo à auxina, conduzindo a GFP como repórter. Paralelamente, foi recentemente estabelecida uma nova abordagem para controlar a concentração de IAA a nível celular ou mesmo subcelular com uma auxina resistente à esterase que pode ser libertada localmente por irradiação espacialmente confinada (Kusaka *et al.*, 2009), e esta técnica será utilizada para estudar a padronização no contexto de gradientes específicos de auxina transcelular.

4.2 As diferenças de resposta de defesa em espécies de videira resistentes e sensíveis

A vida não é fácil - isto é especialmente verdade para as células vegetais que não podem fugir, mas têm de lidar com os desafios ambientais através da adaptação. A defesa contra os agentes patogénicos representa um aspeto específico desta capacidade geral. Embora a descrição da defesa das plantas tenha sido dominada pelo conceito de gene para gene, nos últimos anos, os sistemas evolutivos mais antigos da imunidade inata passaram a ser objeto de atenção. Quando uma célula vegetal é desafiada por um agente patogénico, responde a dois níveis: bioquimicamente, por uma indução de genes de defesa que conduzem à síntese de metabolitos secundários específicos com actividades antibióticas, as fitoalexinas (para revisão ver Zhao *et al.*, 2005), e, estruturalmente, por uma repolarização da arquitetura citoplasmática em direção ao local de penetração (para revisão ver Schmelzer, 2002).

Essas respostas são desencadeadas, por exemplo, pela ligação de PAMPs, como a

flagelina bacteriana (Zipfel *et al.*, 2004), a quinases semelhantes a receptores com repetições ricas em leucina (para revisão, ver Morris e Walker, 2003). A ativação do recetor, como passo seguinte, parece ativar canais iónicos com algumas evidências de uma ligação cruzada com a mecanossensibilidade (Zimmermann *et al.*, 1997; Gus-Mayer *et al.*, 1998). Estes fluxos de iões são acompanhados pela formação de espécies reactivas de oxigénio (Nürnberger *et al.*, 1994; Jabs *et al.*, 1996), pela indução do metabolismo das fitoalexinas e, em alguns casos, pela morte celular programada (para uma revisão, ver Jones, 2001).
A reorganização do citoesqueleto foi identificada como um elemento importante das respostas de defesa durante a imunidade inata e é geralmente interpretada como um evento a jusante no contexto da redistribuição de vesículas contendo fitoalexinas e componentes da parede celular em direção ao local de penetração (para revisões, ver Schmelzer, 2002; Takemoto e Hardham, 2004; Kobayashi e Kobayashi, 2008). Para abordar a questão de saber se o citoesqueleto também participa no processamento de sinais, seguimos a resposta ao elicitor Harpin em duas linhas celulares de genótipos de videira que diferiam na sua dinâmica de microtúbulos.

4.2.1 As respostas de defesa desencadeadas pelo Harpin são mais profundas e rápidas nas espécies resistentes

Para monitorizar as respostas rápidas dos elicitores a montante da expressão genética, utilizámos o influxo de protões. Embora a função biológica deste influxo de protões não seja compreendida, a alcalinização resultante do meio externo pode ser utilizada como leitura simples para análise quantitativa da resposta celular a elicitores (Felix *et al.*, 1993), e foi utilizada com êxito para investigar a função de Harpin (Wei *et al.*, 1992a). Como marcador da indução de genes relacionados com a defesa, utilizámos a estilbeno sintase (StSy) e a resveratrol sintase (RS). Foi demonstrado que os estilbenos, em geral, e o resveratrol, em particular, possuem actividades antifúngicas. Com efeito, verificou-se que a sobreexpressão dos genes da estilbeno sintase no tabaco (Hain *et al.*, 1993), no arroz (Stark-Lorenzen *et al.*, 1997), no kiwi (Kobayashi *et al.*, 2000), na luzerna (Hipskind e Paiva, 2000), na cevada (Leckband e Lörz, 1998), num porta-enxerto de videira (Coutos-Thévenot *et al.* 2001) e na maçã (Szankowski *et al.*, 2003) conferia resistência aos agentes patogénicos fúngicos.
Ambas as leituras da resposta ao elicitor mostraram uma resposta mais sensível e mais

pronunciada da linha celular *V. rupestris* em comparação com a cv. 'Pinot Noir' (Figs. 3.5 e 3.12). Este facto foi correlacionado com uma resposta mais pronunciada da fragmentação dos microtúbulos (Fig. 3.7) e do agrupamento da actina (Fig. 3.9). Além disso, através da manipulação farmacológica de microtúbulos, pudemos induzir parcialmente genes de defesa na ausência de elicitor (Fig. 3.12).

4.2.2 Duas linhas celulares de videira sofrem uma desintegração microtubular diferente em resposta ao Harpin

A desintegração microtubular em resposta à Harpin foi mais pronunciada em *V. rupestris* em comparação com a cv. 'Pinot Noir', embora a maior abundância de α-tubulina destirosinada (Fig. 3.7F) e a maior tolerância à orizalina (Fig. 3.8) indiquem que os tempos de vida dos microtúbulos são maiores em *V. rupestris*. Assim, é improvável que a eliminação de microtúbulos seja causada pela mera inibição da montagem de microtúbulos, mas provavelmente envolve a rutura de microtúbulos polimerizados. Essa rutura pode ser produzida, por exemplo, pelas chamadas proteínas de corte, como a katanina vegetal (Stoppin-Mellet *et al.*, 2008). Curiosamente, verificou-se que a atividade de corte de microtúbulos da *Shigella* (que também emprega um efector do tipo III) é crucial para a disseminação intercelular deste agente patogénico (Yoshida *et al.*, 2006), e a resposta do hospedeiro ao efector do tipo III da *Xanthomonas* foi suprimida pela disfunção do citoesqueleto (Marois *et al.*, 2002). Assim, os nossos resultados sobre o elicitor Harpin são consistentes com um papel emergente dos microtúbulos na resposta de defesa aos efectores do tipo III.

4.3 Resposta diferencial do citoesqueleto da planta durante a deteção da luz e do elicitor

A comparação entre a resposta do citoesqueleto à luz (como estímulo abiótico) e à Harpin (como estímulo biótico) revela alguns tópicos comuns, mas também algumas diferenças: Pude demonstrar pela primeira vez aqui que a luz regula a divisão celular sincronizada a montante da auxina (ver resultado na parte 3.1). Como o citoesqueleto de actina é conhecido por ser um ator chave neste padrão dependente do transporte de auxina (Campanoni *et al.*, 2003), e o fitocromo está envolvido tanto no padrão de divisão celular sincronizada (ver resultado parte 3.1.3) como na síntese de auxina (Tao *et al.*, 2008), surge um primeiro modelo para a interação entre auxina, microfilamento e luz (Fig. 4.1). Neste modelo, os microfilamentos actuam como reguladores a jusante da sincronia da divisão celular induzida pela luz. Uma vez que a polaridade do transporte de auxina depende do grau de agrupamento de actina, que por sua vez é regulado pela auxina, a luz pode controlar este oscilador tactina-auxina (Nick, 2010) através da regulação positiva dos genes de síntese de auxina. Durante a resposta celular ao desafio de agentes patogénicos ou elicitores, a resposta mais significativa dos microfilamentos é o agrupamento. A função biológica subjacente a esta resposta e os sinais aqui envolvidos ainda não foram elucidados, mas estes resultados indicam que a auxina pode estar envolvida de uma forma semelhante à do padrão dependente da luz. O transporte polar de auxina dependente de microfilamentos pode afetar a orientação dos microtúbulos, pelo que o eixo de divisão e expansão celular também estará sob o controlo do fluxo de auxina, mas esta não seria uma resposta a jusante, enquanto a resposta da actina está claramente localizada a montante dos microtúbulos.

Na resposta a estímulos bióticos, parece que os microtúbulos, mais do que os filamentos de actina, actuam a montante. Ao eliminar os microtúbulos através da orizalina ou ao inibir a sua dinâmica através do taxol, foi possível induzir a expressão de genes de defesa mesmo na ausência do elicitor Harpin. Este resultado complementa as provas publicadas que sugerem uma interação entre microtúbulos e canais iónicos mecanossensíveis que são importantes para a indução de respostas de defesa (Zimmermann *et al.*, 1997; Gus-Mayer *et al.*, 1998). Quando os microtúbulos foram desmontados por agentes antimicrotúbulos, tanto os fluxos de cálcio mecanossensíveis (Zhou *et al.*, 2007; Wymer *et al.*, 1996) como os mecanossensíveis (Ding e Pickard, 1993) foram afectados. Além disso, o controlo do volume do protoplasto durante a resposta ao stress hiperosmótico dependia do agrupamento de microtúbulos (os chamados macrotúbulos, Komis *et al.*, 2002). Na deteção do frio, que provavelmente utiliza alterações da fluidez da membrana como sinal, a dinâmica dos microtúbulos foi identificada como componente central (Abdrakhamanova *et al.*, 2003). Os microtúbulos podem atuar como reguladores negativos (esfíncteres) da atividade dos canais iónicos (no caso da deteção do frio) ou, no caso da mecano-sensação, como elementos de focalização do stress (susceptores) que recolhem e transmitem as perturbações da membrana a um canal (revisto em Nick, 2008). Em contraste com um modelo de esfíncter, a focalização do stress seria mais eficiente com microtúbulos estáveis, explicando a maior reatividade ao elicitor em *V. rupestris* em relação à cv 'Pinot Noir'.

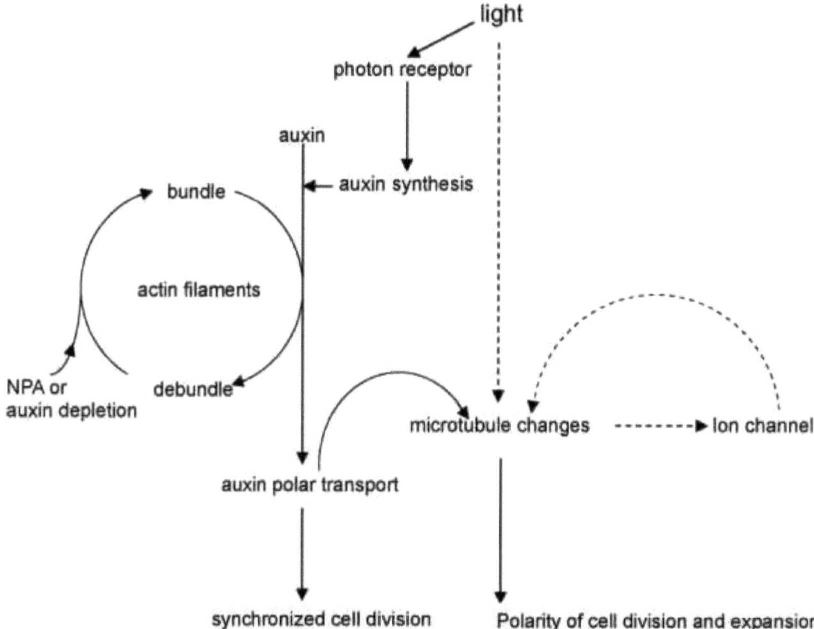

Figura 4.1 Efeito da luz na modelação celular através do citoesqueleto. As linhas sólidas representam o caminho com evidências experimentais. Os fenómenos ligados por linhas tracejadas carecem ainda de provas experimentais.

4.4 Conclusão

Verificou-se que o citoesqueleto sofre várias alterações em resposta a estímulos ambientais. Desempenha um papel fundamental na deteção de sinais abióticos e bióticos. No presente trabalho, foram investigadas as reorganizações do citoesqueleto em resposta à luz e ao elicitor.A divisão celular sincronizada durante a fase exponencial da linha celular de tabaco VBI-3 foi utilizada como modelo para a formação de padrões induzidos pela luz. Aqui, o fluxo de auxina polar dependente de microfilamentos pode ser bloqueado por NPA. Como consequência, a divisão celular sincronizada é perturbada, mas tanto a luz como o IAA exógeno podem salvar o padrão prejudicado. Outras investigações mostraram que a luz vermelha distante é mais eficaz na recuperação do padrão interrompido, o que indica que a luz restaura este padrão através da indução da síntese de auxina.

O elicitor Harpin pode desencadear várias respostas de defesa, como o fluxo de iões, ROS, formação de papilas de celulose, expressão de genes de defesa e síntese de fitoalexinas. Aqui concentramo-nos principalmente nas funções dos citoesqueletos. O Harpin pode induzir a alcalinização extracelular, que é uma das primeiras respostas de defesa. Esta resposta é mais profunda e mais rápida em *V. rupestris* do que na cv. 'Pinot Noir'. Analisámos quantitativamente este fenómeno e verificámos que as concentrações efectivas eram muito mais baixas em *V. rupestris*. Os microfilamentos formaram feixes depois de serem desafiados por Harpin, e estes microfilamentos agrupados facilitam o movimento nuclear em direção ao local de penetração do agente patogénico, o que está intimamente relacionado com a formação de papilas (Schmelzer, 2002).

Pelo contrário, os microtúbulos sofreram desintegração em ambas as linhas celulares de videira. No entanto, os mecanismos de desintegração diferiram. O nível mais elevado de tubulina destirosinada e a resistência à orizalina em *V. rupestris* indicam que a desintegração é provocada pela rutura de microtúbulos polimerizados e não pela desmontagem de microtúbulos.

A ativação dos genes de defesa pelo elicitor é mais rápida e mais profunda em *V. rupestris*. A expressão dos genes de defesa pode ser parcialmente despoletada na ausência de elicitor por inibidores da montagem ou desmontagem do citoesqueleto. Assim, não é apenas a presença de microtúbulos, mas também a sua dinâmica que pode regular a expressão de genes de defesa. Com base nestes resultados, concluímos que os microtúbulos actuam a montante na regulação da expressão de genes desencadeada por elicitores.

5 Perspectivas

(1) A divisão celular padronizada foi estudada em grande detalhe no meristema radicular da *Arabidopsis*, onde o padrão pode ser rastreado até à embriogénese inicial. No entanto, o padrão meristemático de divisão celular já está estabelecido quando o meristema radicular se torna acessível à inspeção celular-biológica, e é muito difícil, se não impossível, manipular estes padrões de uma forma fundamental. Assim, os meristemas radiculares representam um belo sistema para estudar a perpetuação de padrões, mas para a análise da indução de padrões podem ser mais adequados sistemas mais simples e menos predeterminados. As linhas de suspensão de tabaco fornecem esses modelos para estudar as fases primordiais da divisão de padrões e, em geral, os aspectos celulares da divisão celular. Uma das principais desvantagens do sistema de suspensão do tabaco é a ausência de uma resposta específica de padronização a sinais ambientais importantes, como a luz. O isolamento da linha celular VBI-3 ultrapassa esta desvantagem e permite a investigação dos eventos celulares que ligam a fotomorfogénese à divisão celular padronizada. Para compreender os mecanismos que determinam a modelação dependente da luz, está planeado seguir a resposta do conteúdo de auxina celular à irradiação. Além disso, a fim de poder abordar o padrão espacial da abundância de auxina num arquivo celular, foram geradas linhas transgénicas que expressam o promotor DR5 responsivo à auxina, conduzindo a GFP como repórter. Paralelamente, foi recentemente estabelecida uma nova abordagem para controlar a concentração de IAA em resolução celular ou mesmo subcelular com uma auxina em gaiola resistente à esterase que pode ser libertada localmente por irradiação espacialmente confinada (Kusaka *et al.*, 2009), e esta técnica será utilizada para estudar a padronização no contexto de gradientes específicos de auxina transcelular.

(2) Os elicitores, que podem desencadear a resistência do hospedeiro, são instrumentos valiosos para substituir parcialmente os pesticidas. Os receptores correspondentes na membrana plasmática estão a surgir gradualmente (por exemplo, Zipfel *et al.*, 2003). Os efectores de secreção do tipo III que permeiam a membrana e entram no citoplasma evitariam o reconhecimento por receptores localizados na membrana plasmática. No entanto, uma vez que o citoesqueleto parece ser um alvo importante para este tipo de proteínas efectoras, e uma vez que o citoesqueleto actua como regulador de canais iónicos mecanossensíveis que podem desencadear a defesa das plantas, a interação intracelular entre o efector e o citoesqueleto pode ser detectada pela célula hospedeira

independentemente do (ou em paralelo com o) reconhecimento na membrana plasmática. Por conseguinte, os trabalhos futuros deverão tentar, por um lado, elucidar a interação molecular entre os microtúbulos e os canais iónicos e, por outro, a interação molecular entre os efectores do tipo III e o citoesqueleto. Para dissecar a cadeia de eventos, será necessário não só seguir as respostas do citoesqueleto *in vivo*, utilizando linhas de marcadores fluorescentes adequados na videira, mas também utilizar a microfluídica para administrar o elicitor em locais específicos da célula, a fim de investigar os padrões espaciais das respostas celulares.

Literatura citada

Abdrakhamanova A, Wang QY, Khokhlova L, Nick P. 2003. Is microtubule assembly a trigger for cold acclimation? *Plant and Cell Physiology* **44,** 676-686.

Aderem A. 1992. Signal transduction and the actin cytoskeleton: the roles of MARCKS and profilin. *Tendências em Ciências Bioquímicas* **17,** 438-443.

Arlat M, Van Gijsegem F, Huet JC, Pernollet JC, Boucher CA. 1994. PopA1, uma proteína que induz uma resposta do tipo hipersensibilidade em genótipos específicos de Petúnia, é segregada através da via Hrp de Pseudomonas solanacearum. *The EMBO Journal* **13,** 543-553.

Baluska F, Jasik J, Edelmann HG, Salajová T, Volkmann D. 2001. Nanismo vegetal induzido por latrunculina B: o alongamento das células vegetais é dependente da F-actina. *Develepmental Biology* **231,** 113-124.

Baskin TI, Wilson JE, Cork A, Williamson RE. 1994. Morfologia e organização de microtúbulos em raízes de Arabidopsis expostas a oryzalin ou taxol. *Plant and Cell Physiology* **35,** 935-942.

Belhadj A, Telef N, Saigne C, Cluzet S, Barrieu F, Hamdi S, Mérillon JM. 2008. Efeito do jasmonato de metilo em combinação com hidratos de carbono na expressão genética de proteínas PR, stilbeno e acumulação de antocianina em culturas de células de videira. *Fisiologia e Bioquímica Vegetal* **46,** 493-499.

Berghöfer T, Eing C, Flickinger B, Petra Hohenberger P, Wegner LH, Frey W, Nick P. 2009. Pulsos eléctricos de nanossegundos desencadeiam respostas de actina em células vegetais. *Biochemical and Biophysical Research Communications* **387,** 590-595.

Binet MN, Humbert C, Lecourieux D, Vantard M, Pugin A. 2001. Disruption of microtubular cytoskeleton induced by cryptogein, an elicitor of hypersensitive response in tobacco cells. *Plant Physiology* **125,** 564-572.

Blakeslee JJ, Peer WA, Murphy AS. 2005. Auxin transport. *Opinião atual em Biologia Vegetal* **8,** 494-500.

Brunn SA, Muday GK, Haworth P. 1992. Auxin transport and the interaction of phytotropins. *Fisiologia Vegetal* **98,** 101-107.

Butler WL, Norris KH, Siegelman HW, Hendricks SB. 1959. Deteção, ensaio e purificação preliminar do pigmento que controla o desenvolvimento fotoresponsivo das plantas. *Actas da Academia Nacional de Ciências dos EUA* **45,** 1703-1708.

Campanoni P, Blasius B, Nick P. 2003. O transporte de auxina sincroniza o padrão de divisão celular numa linha celular de tabaco. *Plant Physiology* **133,** 1251-1260.

Coutos-Thévenot P, Poinssot B, Bonomelli A, Yean H, Breda C, Buffard D, Esnault R, Hain R, Boulay M. 2001. Tolerância in vitro a Botrytis cinerea do porta-enxerto de videira 41B em plantas transgénicas que exprimem o gene da estilbeno sintase Vst1 sob o controlo de um promotor PR 10 induzido pelo agente patogénico. *Jornal de Botânica Experimental* **52,** 901-910.

Dangl, JL, Jones JD. 2001. Patógenos de plantas e respostas de defesa integradas à infeção. *Nature* **411,** 826-833.

Dantán-González E, Rosenstein Y, Quinto C, Sánchez F. 2001. Actin monoubiquitylation is induced in plants in response to pathogens and symbionts. *Molecular Plant-Microbe Interactions* **14,** 1267-1273.

Davis KR, Lyon GD, Darvill A, Albersheim P. 1984. Interações hospedeiro-patógeno. *Plant Physiology* **74,** 52-60.

Desikan R, Reynolds A, Hancock JT, Neill SJ. 1998. O Harpin e o peróxido de hidrogénio iniciam ambos a morte celular programada, mas têm efeitos diferenciais na expressão de genes de defesa na suspensão de *Arabidopsis* culturas. *Biochemical Journal* **330,** 115-120.

Dhonukshe P, Grigoriev I, Fischer R, Tominaga M, Robinson DG, Hasek J, Paciorek T, Petrasek J, Seifertová D, Tejos R, Meisel LA, Zazímalová E, Gadella TWJ, Stierhof YD, Ueda T, Oiwa K, Akhmanova A, Brocke R, Spang A, Friml J. 2008. Os inibidores do transporte de auxina prejudicam a motilidade das vesículas e a dinâmica do citoesqueleto de actina em diversos eucariotas. *Actas da Academia Nacional de Ciências dos EUA* **105,** 4489-4494.

Duckett CM e Lloyd CW. 1994. A orientação dos microtúbulos induzida pelo ácido giberélico em ervilhas anãs é acompanhada por uma rápida modificação de um a-tubulinisótipo. *The Plant Journal* **5,** 363-372.

Durso NA e Cyr RJ. 1994. Uma interação sensível à calmodulina entre microtúbulos e um homólogo vegetal superior do fator de alongamento 1a. *The Plant Cell* **6,** 893-905.

Eggenberger K, Merkulov A, Darbandi M, Nann T, Nick P. 2007. Imunofluorescência direta de microtúbulos de plantas com base em nanocristais semicondutores. *Química de Bioconjugados* **18,** 1879-1886.

Eun SO, Lee Y. 1997. Actin filaments of guard cells are reorganized in response to light and abscistic acid. *Fisiologia Vegetal* **115,** 1491-1498.

Felix G, Duran J, Volko S, Boller T. 1999. As plantas têm um sistema de perceção sensível para o domínio mais conservado da fagelina bacteriana. *The Plant Journal* **18,** 265-276.

Felix G, Regenass M, Boller T. 1993. Perceção específica de concentrações subnanomolares de fragmentos de quitina por células de tomate. Indução de alcalinização extracelular, alterações na fosforilação de proteínas e estabelecimento de um estado refratário. *The Plant Journal* **4,** 307-316.

Fischer K e Schopfer P. 1998. Reorientação de microtúbulos mediada por tensão física na epiderme de coleóptilos de milho estimulados gravitropicamente ou fototropicamente. *The Plant Journal* **15,** 119-123.

Freytag S, Arabatzis N, Hahlbrock Klaus, Schmelzer E. 1993. Rearranjos citoplasmáticos reversíveis precedem a aposição da parede, a morte celular hipersensível e a ativação de genes relacionados com a defesa nas interações batata/Phytophthora infestans. *Planta* **194,** 123-135.

Furuya M. 1993. Fitocromos: Their molecular species, gene families, and functions. *Revisão Anual de Fisiologia Vegetal e Biologia Molecular Vegetal* **44,** 617-645.

Gus-Mayer S, Naton B, Hahlbrock K, Schmelzer E. 1998. A estimulação mecânica local induz componentes da resposta de defesa contra agentes patogénicos na salsa. *Actas da Academia Nacional de Ciências dos EUA* **95,** 8398-8403.

Hadwiger LA, Beckmann JM. 1980. Chitosan as a component of Pea-Fusarium solani interactions. *Fisiologia Vegetal* **66,** 205-211.

Hain R, Reif HJ, Krause E, Langebartels R, Kindl H, Vornam B, Wiese W, Schmelzer E, Schreier PH, Ronald H. Stöcker RH, Stenzel K. 1993. A resistência às doenças resulta da expressão de uma fitoalexina estrangeira numa nova planta. *Nature* **361,** 153-156.

Hammond JW, Cai D e Verhey KJ. 2008. Modificações da tubulina e suas funções celulares. *Opinião atual em Biologia Celular* **20,** 71-76.

Hawes CR e Satiat-Jeunemaitre B. 2001. Trekking along the Cytoskeleton. *Plant Physiology,* **125,** 119-122.

He SY, Huang HC, Collmer A. 1993. Pseudomonas syringae pv. syringae harpinPss: uma proteína que é segregada através da via Hrp e provoca a resposta hipersensível nas plantas. *Cell* **73,** 1255-1266.

Heath IB. 1974. A uni ed hypothesis for the role of membrane bound enzyme complexes and microtubules in plant cell wall synthesis. *Journal of Theoretical Biology* **48,** 445-449.

Heath MC. 2000. Nonhost resistance and nonspecific plant defenses. *Current Opinion in Plant Biology* **3,** 315-319.

Heller R. 1953. Estudos sobre a nutrição mineral de culturas de tecidos vegetais in vitro (em francês). *Annales des Sciences Naturelles. Botânica e Biologia Vegetal* **14,** 1-223.

Hepler PK, Vidali L, Cheung AY. 2001. Crescimento celular polarizado em plantas superiores. *Revisão Anual de Biologia Celular e do Desenvolvimento **17,*** 159-187.

Hertel R, Friedrich U. 1973. Abhangigkeit der geotropischen Krümmung der Chara-Rhizoide von der Zentrifugalbeschleunigung. *Z Pflanzenphysiol* **70,** 173-184.

Herth W. 1980. Calcofluor branco e vermelho Congo inibem a formação de microfibrilas de quitina em Poterioochromonas: Evidência de um intervalo entre a polimerização e a formação de microfibrilas. *Journal of Cell Biology* **87,** 442-450.

Hicke L. 2001. Regulação de proteínas por monoubiquitina. *Nature Reviews Molecular Cell Biology* **2,** 195-201.

Higaki T, Goh T, Hayashi T, Kutsuna N, Kadota Y, Hasezawa S, Sano T, Kuchitsu K. 2007. Elicitor-Induced cytoskeletal rearrangement relates to vacuolar dynamics and execution of cell death: *In Vivo* imaging of hypersensitive cell death in tobacco BY-2 cells. *Fisiologia vegetal e celular* **48,** 1414-1425.

Himmelspach R e Nick P. 2001. A reorientação gravitacional dos microtúbulos pode ser dissociada do crescimento. *Planta* **212,** 184-189.

Hipskind JD, Paiva NL. 2000. A acumulação constitutiva de um resveratrol-glicosídeo em alfafa transgénica aumenta a resistência a *Phoma medicaginis. Molecular Plant-Microbe Interactions* **13,** 551-562.

Hoch HC, Staples RC, Whitehead B, Comeau J, Wolf ED. 1987. Sinalização para orientação do crescimento e diferenciação celular por topografia de superfície em *Uromyces. Science* **234,** 1659-1662.

Hofmannová J, Schwarzerová K, Havelková L, Boríková P, Petrasek J, Opatrný Z. 2008. Uma nova ação inibidora da síntese de celulose do ancymidol prejudica a expansão das células vegetais. *Jornal de Botânica Experimental* **59,** 3963-3974.

Horst WJ, SAchmohl n, Kollmeier M, baluska F, Sivagura M. 1999. As doses de alumínio inibem o crescimento das raízes através da interação com o contínuo parede celular-membrana plasmática-citoesqueleto? *Plant and Soil* **215,** 163-174.

Hwang JU, Lee Y. 2001. A reorganização da actina induzida pelo ácido abscísico nas células de guarda da flor do dia é mediada pelos níveis de cálcio citosólico e pelas actividades da proteína quinase e da proteína fosfatase. *Plant Physiology* **125,** 2120-2128.

Jensen PJ, Hangarter RP, Estelle M. 1998. O transporte de auxina é necessário para o alongamento do hipocótilo em Arabidopsis cultivada à luz, mas não no escuro. *Plant Physiology* **116,** 455-462.

Jovanovic AM, Durst S, Nick P. 2010. A divisão celular das plantas é especificamente afetada pela nitrotirosina. *Jornal de Botânica Experimental* **61,** 901-909.

Jürges G, Kassemeyer HH, Dürrenberger M, Düggelin M, Nick P. 2009. O modo de interação entre Vitis e Plasmopara viticola Berk. & Curt. Ex de Bary depende da espécie hospedeira. *Biologia Vegetal* **11,** 886-898.

Kagawa T, Sakai T, Suetsugu N, Oikawa K, Ishiguro S, Kato T, Tabata S, Okada K, Wada M. 2001.

Arabidopsis NPL1: Um homólogo da fototropina que controla a resposta do cloroplasto à prevenção da luz intensa. *Science* **291,** 2138-2141.

Ketelaar T, Faivre-Moskalenko C, Esseling JJ,de Ruijter NC, Grierson CS, Dogterom M, Emons AM. 2002. Posicionamento de núcleos em pêlos radiculares de Arabidopsis: Um processo de crescimento da ponta regulado pela actina. *The Plant Cell* **14,** 2941-2955.

Kilmartin JV, Wright B, Milstein C. 1982. Anticorpos monoclonais antitubulina de rato derivados da utilização de uma nova linha celular de rato não secretora. *The Journal of Cell Biology* **93,** 576-582.

Kneissl J, Shinomura T, Furuya M, Bolle C. 2008. Um fitocromo A de arroz em Arabidopsis: O papel do N-terminal sob luz vermelha e vermelha distante. *Molecular Plant* **1,** 84-102.

Knight MR, Campbell AK, Smith SM, Trewavas AJ. 1991. A planta transgénica aequorin relata os efeitos do toque e do choque pelo frio e dos elicitores no cálcio citoplasmático. *Nature* **352,** 524-526.

Kobayashi I, Kobayashi Y. 2008. Microtubules and Pathogen Defence. Em Nick P, ed, Plant Cell Monogr: Plant Microtubules. Springer-Verlag, Berlim, pp 121-140.

Kobayashi S, Ding CK, Nakamura Y, Nakajima I, Matsumoto R. 2000. Kiwis (Actinidia deliciosa) transformados com um gene de Vitis stilbene synthase produzem piceid (resveratrol-glucoside). *Plant Cell Reports* ***19,*** 904-910.

Kobayashi Y, Kobayashi I, Funaki Y, Fujimoto S, Takemoto T e Kunoh H. 1997. A reorganização dinâmica de microfilamentos e microtúbulos é necessária para a expressão de resistência não hospedeira em células coleóptilas de cevada. *The Plant Journal* ***11,*** 525-537.

Kobayashi Y, Yamada M, Kobayashi I, Kunoh H. 1997. Actin microfilaments are required for the expression of nonhost resistance in higher plants. *Plant and Cell Physiology* ***38,*** 725-733.

Komis G, Apostolakos P, Galatis B. 2002. Hyperosmotic stress-induced actin filament reorganization in leaf cell of Chlorophyton comosum. *Journal of Experimental Botany* ***375,*** 1699-1710.

Kortekamp A. 2006. Análise da expressão de genes relacionados com a defesa em folhas de videira após inoculação com um agente patogénico hospedeiro e não hospedeiro. Fisiologia e Bioquímica das Plantas ***44,*** 58-67.

Kreis TE. 1987. Os microtúbulos que contêm tubulina destirosinilada são menos dinâmicos. *The EMBO Journal* ***6,*** 2597-2606.

Kusaka N, Maisch J, Nick P, Hayashi KI, Nozaki H. 2009. Manipulação da Auxina Intercelular numa Célula Única por Luz com Auxinas Enjauladas Resistentes à Esterase. *ChemBioChem* ***10,*** 2195-2202.

Kutschera U, Bergfeld R, Schopfer P. 1987. Cooperação de tecidos epidérmicos e internos no crescimento mediado por auxina de coleóptilos de milho. *Planta* ***170,*** 168-180.

Lappalainen P, Fedorov EV, Fedorov AA, Almo SC, Drubin DG. 1997. Funções essenciais e superfícies de ligação à actina da cofilina de levedura reveladas por mutagénese sistemática. *The EMBO Journal* ***16,*** 5520-5530.

Leckband G, Lörz H. 1998. Transformação e expressão de um gene de stilbeno sintase de Vitis Vinifera L. em cevada e trigo para aumentar a resistência a fungos. *Theoretical and Applied Genetics* ***96,*** 1004-1012.

Lee SC, West C. 1981. Polygalacturonase from Rhyzopus stolonifer, an elicitor of casbene synthetase activity in castor bean (Ricinus communis L) seedlings. *Plant Physiology* ***67,*** 633-639.

Lin R, Ding L, Casola C, Ripoll DR, Feschotte C, Wang H. 2007. Factores derivados da transposase regulam o sinal luminoso em Arabidopsis. *Science* **318,** 1302-1305.

Maisch J, Fiserová J, Fischer L, Nick P. 2009. Tobacco Arp3 is localized to actin-nucleating sites in vivo. *Journal of Experimental Botany* **60,** 603-614.

Maisch J, Nick P. 2007. Actin is involved in auxin-dependent patterning. *Plant Physiology* **143,** 1695-1704.

Mathur J e Chua NH. 2000. A estabilização dos microtúbulos leva à reorientação do crescimento nos tricomas de Arabidopsis. *The Plant Cell* **12,** 465-477.

McClinton RS, Sung ZR. 1997. Organização de microtúbulos corticais na membrana plasmática em Arabidopsis. *Planta* **201,** 252-260.

McGough A, Chiu W. 1999. ADF/cofilin enfraquece os contactos laterais no filamento de actina. *Journal of Molecular Biology* **291,** 513-519.

Mohr H. 1972. Lectures on Photomorphogenesis. Berlim: Heidelberg: Springer Press, 1--12.

Morris DA. 2000. Transmembrane auxin carrier systems-dynamic regulators of polar auxin transport. *Regulação do crescimento das plantas* **32,** 161-172.

Muday GK, Murphy AS. 2002. Um modelo emergente de regulação do transporte de auxina. *The Plant Cell* **14,** 293-299.

Nick P. 1990. Versuch über Tropismus, Querpolaritat, und Microtubuli. Tese de doutoramento. Universidade Albert-Ludwigs, Freiburg.

Nick P. 1999a. Sinais, motores, morfogénese - o citoesqueleto no desenvolvimento das plantas. *Biologia Vegetal* **1,** 169-179.

Nick P. 1999b. Controlo da resposta a baixas temperaturas. Em Nick P, ed, Plant Cell Monogr: Plant Microtubules. Springer-Verlag, Berlim, pp121-135.

Nick P. 2000. Controlo da resposta a baixas temperaturas. Em Nick P, ed, Plant Cell Monogr: Plant Microtubules. Springer-Verlag, Berlim, pp 121-136.

Nick P. 2006. O ruído produz ordem - auxina, actina e padrão polar. *Biologia Vegetal* **8,** 360-370.

Nick P. 2008a. Microtubules as Sensors for Abiotic Stimuli (Microtúbulos como Sensores de Estímulos Abióticos). Em Nick P, ed, Plant Cell Monogr: Plant Microtubules. Springer-Verlag, Berlim, pp 175-203.

Nick P. 2008b. Microtubules and the control of cell axis. Em Nick P, ed, Plant Cell Monogr: Plant Microtubules. Springer-Verlag, Berlim, pp 3-46.

Nick P. 2010. Probing the actin-auxin oscillator. *Plant signaling & behavior* **5,** 94-98.

Nick P, Bergfeld R, Schaefer E, Schopfer P. 1990. Reorientação unilateral de microtúbulos na parede epicérmica externa durante a curvatura foto- e gravitrópica de coleóptilos de milho e hipocótilos de girassol. *Planta* **181,** 162-168.

Nick P, Ehmann B, Schafer E. 1993. Comunicação celular, respostas celulares estocásticas e padrão de antocianina em cotilédones de mostarda. *The Plant Cell* **5,** 541-552.

Nick P, Heuing A, Ehmann B. 2000. Chaperoninas vegetais: um papel na formação de paredes dependente de microtúbulos? *Protoplasma* **211,** 234-244.

Nick P, Lambert AM, Vantard M. 1995. A microtubule-associated protein in maize is expressed during phytochrome-induced cell elongation. *The Plant Journal* **8,** 835-844.

Nürnberger T, Brunner F. 2002. Imunidade inata em plantas e animais: paralelos emergentes entre o reconhecimento de elicitores gerais e padrões moleculares associados a agentes patogénicos. *Current*

Opinion in Plant Biology **5,** 1-7.

Nürnberger T, Nennstiel D, Jabs T, Sacks WR, Hahlbrock K, Scheel D. 1994. A ligação de alta afinidade de um elicitor de oligopeptídeo fúngico às membranas plasmáticas da salsa desencadeia múltiplas respostas de defesa. *Cell* **78,** 449-460.

Opatrnÿ Z, Opatrná J. 1976. A especificidade do efeito de 2,4-D e NAA no crescimento, micromorfologia e ocorrência de amido em estirpes celulares de Nicotiana tabacum L. de longa duração. *Biologia Plantarum* **18,** 359-365.

Ouellet F, Carpentier E, Cope MJ, Monroy AF, Sarhan F. 2001. Regulação de um fator de polimerização da actina do trigo durante a aclimatação ao frio. *Plant Physiology* **125,** 360-368.

Paciorek T, Zazimalová E, Ruthardt N, Petrásek J, Stierhof YD, Kleine-Vehn J, Morris DA, Emans N, Jürgens G, Geldner N, Friml J. 2005. Auxin inhibits endocytosis and promotes its own efflux from cells. *Nature* **435,** 1251-1256.

Palmieri M e Kiss JZ. 2005. A perturbação do citoesqueleto de F-actina limita o movimento dos estatolitos nos hipocótilos de Arabidopsis. *Journal of Experimental Botany* **56,** 2539-2550.

Parker JE, Schulte W, Hahlbrock K, Scheel D. 1991. Uma glicoproteína extracelular de Phytophthora megasperma f. sp. glycinea induz a síntese de fitoalexina em células e protoplastos de salsa em cultura. *Molecular Plant-Microbe Interactions* **4,** 19-27.

Rahman A Bannigan A, Sulaman W, Pechter P, Blancaflor EB, Baskin TI. 2007. Auxina, actina e crescimento da raiz primária de Arabidopsis thaliana. *The Plant Journal* **50,** 514-528.

Reid KE, Olsson N, Schlosser J, Peng F, Lund ST. 2006. Um procedimento optimizado de isolamento do ARN da videira e determinação estatística de genes de referência para RT-PCR em tempo real durante o desenvolvimento dos bagos. *BMC Plant Biology* **6,** 27-37.

Reinhardt D, Pesce ER, Stieger P, Mandel T, Baltensperger K, Bennett M, Traas J, Friml J, Kuhlemeier C. 2003. Regulação da filotaxia pelo transporte polar de auxinas. *Nature* **426,** 255-260.

Ricci P, Bonnet P, Heut JC, Sallantin M, Beauvais-Cante F, Bruneteau M, Billard V, Michel G, Pernollet JC. 1989. Estrutura e atividade de proteínas de fungos patogénicos Phytopythora que provocam necrose e adquirem resistência no tabaco. *European Journal of Biochemistry* **183,** 555-563.

Rothwell GW, Lev-Yadun S. 2005. Evidência de fluxo de auxina polar em madeira fóssil com 375 milhões de anos. *American Journal of Botany* **92,** 903-906.

Seibicke T. 2002. Untersuchungen zur induzierten Resistenz an Vitis spec.. Tese de doutoramento. Universidade de Freiburg.

Schmelzer E. 2002. Polarização celular, um processo crucial na defesa dos fungos. *TRENDS in Plant Science* **7,** 411-415.

Schwarzerová K, Zelenková S, Nick P, Opatrnÿ Z. 2002. Alterações rápidas induzidas pelo alumínio no citoesqueleto microtubular de linhas celulares de tabaco. *Plant and Cell Physiology* **43,** 207-216.

Schwuchow J, Sack FD, Hartmann E. 1990. Rutura de microtúbulos em protonematas gravitrópicos do musgo Ceratodon. *Protoplasma* **159,** 60-69.

Skoufias DA e Wilson L. 1998. Caraterísticas de montagem e ligação à colchicina da tubulina com alfa-tubulinas maximamente tirosinadas e destirosinadas. *Archives of Biochemistry and Biophysics* **351,** 115-122.

Stark-Lorenzen P, Nelke B, Hanâler G, Mühlbach HP, Thomzik JE. 1997. Transferência de um gene da estilbeno sintase da videira para o arroz (Oryza sativa L.). *Plant Cell Reports* **16,** 668-673.

Stoppin-mellet V, Gaillard J, Vantard M. 2006. A atividade de corte da Katanin favorece o agrupamento de microtúbulos corticais nas plantas. *The Plant Journal* **46,** 1009-1017.

Szankowski I, Briviba K, Fleschhut J, Scho" nherr J, Jacobsen HJ, Kiesecker H. 2003. Transformação da maçã (Malus domestica Borkh.) com o gene da estilbeno sintase da videira (Vitis vinifera L.) e um gene PGIP do kiwi (Actinidia deliciosa). *Plant Cell Reports* **22,** 141-149.

Takemoto D, Hardham AR. 2002. O citoesqueleto como regulador e alvo de interações bióticas nas plantas. *Plant Physiology* **136,** 3864-3876.

Tao Y, Ferrer JL, Ljung K, Pojer F, Hong F, Long JA, Li L, Moreno JE, Bowman ME, Ivans LF, Cheng Y, Lim J, Zhao Y, Ballare CL, Sandberg G, Noel JP, Chory J. 2008. A síntese rápida de auxina através de uma nova via dependente de triptofano é necessária para evitar a sombra nas plantas. *Cell* **133,** 164-176.

Taylor DP, Leopold AC. 1992. Compensação do gravitropismo em raízes de milho por baixa temperatura. *Boletim ASGSB* **6,** 75.

Thomas C, Tholl S, Moes D, Dieterle M, Papuga J, Moreau F, Steinmetz A. 2009. Actin bundling in plants. *Cell Motility and the Cytoskeleton* **66,** 940-957.

Thordal-Christensen H. 2003. Fresh insights into processed of non host resistance. *Opinião atual em Biologia Vegetal* **6,** 351-357.

Traas J, Bellini C, Nacry P, Kronenberger J, Bouchez D, Caboche M. 1995. Padrões normais de diferenciação em plantas que não possuem bandas de pré-fase microtubular. *Nature* **375,** 676-677.

Tsuba M, Katagiri C, Takeuchi Y, Takada Y, Yamaoka N. 2002. Fator químico da superfície da folha envolvido na morfogénese de Blumeria graminis. *Physiological and Molecular Plant Pathology* 60, 51-57.

Twell D, Park SK, Lalanne E. 1998. Divisão assimétrica e determinação do destino celular no desenvolvimento do pólen. *Trends in Plant Science* **3,** 305-310.

Van den Berg C, Willensen V, Hage W, Weisbeek P, Scheres B. 1995. O destino das células no meristema radicular da Arabidopsis é determinado pela sinalização direcional. *Nature* **378,** 62-65.

Van Breusegam F e Dat JF. 2006. Espécies reactivas de oxigénio na morte de células vegetais. *Plant Physiology* ***141,*** 384-390.

Vidal S, Eriksson ARB, Montesano M, Dencke J, Palva T. 1998. Cell wall-degrading enzymes from Erwinia carotovora cooperate in the salicylic acid-independent induction of a plant defence response. *Molecular Plant-Microbe Interactions* ***11,*** *23-32.*

Waller F, Nick P. 1997. Resposta dos microfilamentos de actina durante o crescimento de plântulas de milho controlado por fitocromos. *Protoplasma* ***200,*** 154-162.

Waller F, Riemann M, Nick P. 2002. A role for actin-driven secretion in auxin-induced growth. *Protoplasma* ***219,*** 72-81.

Wasteneys GO. 2003. Os microtúbulos mostram a sua natureza sensível. Fisiologia Celular e Vegetal ***44,*** 653-654.

Wei ZM, Laby RJ, Zumoff CH, Bauer DW, He SY, Collmer A, Beer SV. 1992a. Harpin, elicitor da resposta hipersensível produzida pelo fitopatógeno Erwinia amylovora. *Science* ***257,*** 85-88.

Wei ZM, Sneath BJ, Beer SV. 1992b. Expressão dos genes hrp de Erwinia amylovora em resposta a estímulos ambientais. *The Journal of Bacteriology* ***174,*** 1875-1882.

Wiesler B, Wang W, Nick P. 2002. A estabilidade dos microtúbulos corticais depende da sua orientação. *The Plant Journal* ***32,*** 1023-1032.

Wymer C, Wymer SA, Cosgrove DJ, Cyr RJ. 1996. O crescimento das células vegetais responde a forças externas e a resposta requer microtúbulos intactos. *Plant Physiology* ***110,*** 425-430.

Xu J, Scheres B. 2005. Cell polarity: ROPing the ends together. *Opinião atual em Biologia Vegetal* ***8,*** 613-618.

Yamaguchi T, Yamada A, Hong N, Ogawa T, Ischii T, Shibuya N. 2000. Differences in the recognition of glucan elicitor signals between rice and soybean: b-Glucan fragments from the rice blast disease fungus Pyricularia oryzae that elicit phytoalexin biosynthesis in suspension-cultured rice cells. *The Plant Cell* ***12,*** 817-826.

Yoshida S, Handa Y, Suzuki T, Ogawa M, Suzuki M, Tamai A, Abe A, Katayama E, Sasakawa C. 2006. A atividade de quebra de microtúbulos da *Shigella* é essencial para a propagação intercelular. Science ***314,*** 985-989

Zimmermann S, Nürnberger, T, Frachisse JM, Wirtz W, Guern J, Hedrich R, Scheel D. 1997. Ativação mediada por receptores de um canal iónico permeável ao Ca^{2+}da planta envolvido na defesa contra agentes patogénicos. *Proceedings of the National Academic of Science of USA* **94,** 2751-2755.

Zipfel C, Robatzek S, Navarro L, Oakeley EJ, Jones JDG, Felix G, Boller T. 2003. Resistência a doenças bacterianas em Arabidopsis através da perceção de flagelina. *Natureza* **428,** 764-76

Printed by Books on Demand GmbH, Norderstedt / Germany